酒吧管理與實務技能

Bar Management and Practical Skills

高琦 著

序

隨著社會經濟的進步，人們在日常生活上衣食生活不匱乏的情況，更加重視休閒生活的滿足。根據主計處（2010）的調查指出，國人在娛樂消遣教育及文化服務的支出費用有逐年上升的趨勢，加上民國89年起實施的週休二日制度，更將國人的休閒品質推向高峰。

許多人對於吧檯的工作感到好奇，大部分的人覺得在吧檯內工作是一件輕鬆的事情。將飲料攪拌一下，搖盪一下就完成了。然而在正統的吧檯訓練上一定要遵循操作的難易度原則來訓練，初學者一定要先瞭解吧檯設備、保養流程、物料管理等基本概念後，才得以開始調製茶品、果汁、咖啡，進而接觸到酒精飲料的訓練課程。因此本書的目的希望能將正確的吧檯訓練內容與基本技能功夫完整呈現，另一方面也希望提供有志從事吧檯工作的新鮮人能夠藉由本書更深入瞭解吧檯的內涵並作為管理的參考書。

本書從執筆至完稿前後耗費近三年時間，承蒙很多人幫忙，特別是我的吧檯師父楊凱智先生，教授我許多吧檯技巧與管理知識，並且給予我許多編輯的建議；再者感謝揚智文化公司宋宏錢先生，有他的耐心等待以及鼓勵才能讓我鼓起勇氣完成本書。此外也要感謝李承祐先生陪我熬夜拍攝提供專業完美的照片，感謝許多廚師道具工房、東海大學餐旅管理學系老師與同仁的鼎力協助，更要感謝我的家人對我一路支持才得以一氣完成，在此由衷致上謝意。本書撰寫仍有許多疏漏與謬誤之處，尚祈海內外專家不吝指正，未來將不斷改進缺失嘉惠更多的學子。

高琦 謹識

目　錄

9 咖啡操作實務　143

10 水果切雕　171

CHAPTER

1

酒吧的歷史與沿革

一、酒吧的語源

二、酒吧文化史

三、酒吧經營型態介紹

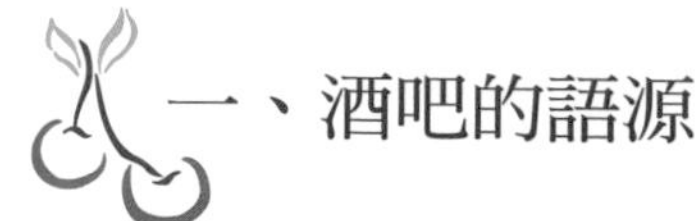

一、酒吧的語源

酒吧大約是近兩百年前發源於英國的維多利亞時代（1837～1901），原屬於盎格魯薩克遜傳統的麥酒屋，後來逐漸擴展到全歐洲。尤其以英國、德國、捷克及奧地利國家最為普遍。後來酒吧隨著英國人民移往新大陸而漸次在美洲流傳開來，逐漸發展美國酒吧文化並開創了雞尾酒的酒吧文化。在1862年時，美國著名的調酒師Jerry Thomas出版了史上第一本《調酒師手冊》，將調酒的技術和內涵介紹給普羅大眾，正式的將混合飲料推廣成為美式酒吧的特色。正統的美式酒吧經營風格是到了第一次世界大戰期間隨美軍的進駐及娛樂性需要，才在歐洲等地盛行起來。

大英百科全書中對於Pub的解釋為：在英國及其影響所及的地區所提供酒精飲料的商店，早期在英國酒店沿用盎格魯撒克遜地區賣酒屋的傳統習慣，人們可以聚集飲酒，進行社交與休閒娛樂的活動。Pub與Bar雖在字面解釋上皆為酒吧之意，但Bar是Pub傳入美國社會後的稱呼，在歐美算是較為正式的場合，舒適優雅的裝潢搭配優雅的音樂，並且有穿著正式服裝的要求。

劉維公（2007）指出，台灣已成為夜店（Pub+Bar）化的社會，許多高級時尚的餐廳相繼將店內風格設計成為夜店，利用夜店的空間來挑起消費者的食慾。在體驗經濟的時代中，消費不是手段而是目的，消費者想要的不再是產品的大小或多寡，而是在體驗深度與廣度。

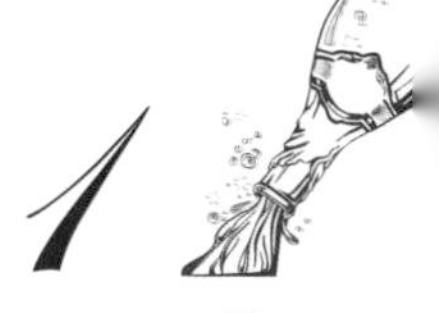

表1-1　酒吧的定義與功能解釋一覽表

學者	年代	酒吧的定義與功能
周海娟	1990	酒吧具有商業特性並以商業型態存在，各種取代休閒的機構出現，並透過包裝方式引導人們休閒。
Note, K.	1991	Pub是一個人們傳統會面的地方，而主要的消費者是男性。
蕭伊容	1995	酒吧是給旅客住宿休閒的旅店，一般來說是工人階級下班聚會的地方。
Haine,W. S.	1996	酒吧是一種以休閒、娛樂空間的角色定位出現，並具有公共領域私人化、私人行為公開化的特質。凡是融入酒吧的人都須遵守酒吧本身的規範並形成特有的文化識別。
Williams, C. E.	1997	酒吧是一個公開對外的場所，是一個有著開放的大門並擁有販賣酒類執照的地方。
Sharon Zukin	1998	酒吧是新一代白領階級與雅痞展現生活品味的消費空間與文化的場所。
王鴻泰	2000	酒吧是一種公眾生活空間。
吉地安	2000	Pub是以多脈絡文化為母體的消費空間，呈現都市結構中的設計作為一種文化的商業空間。
Kling, S. M.	2001	酒吧是一個兼具公、私領域特質的場所，對大眾開放的公共空間與私人飲食服務的消費空間。
陳建勳	2004	酒吧被用來作為展現獨特自我或是個人品味的一種場所。

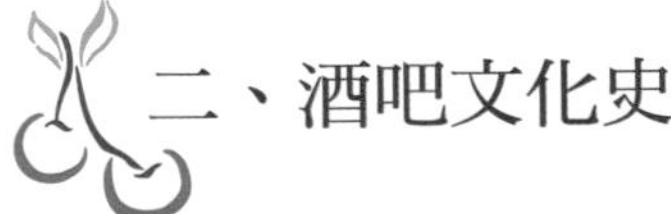

二、酒吧文化史

酒吧文化起緣於8世紀，當時是社會大眾在公開場合所設立的客棧，主要提供旅客休息與住宿。最早在西元前1800年左右用楔形文字刻在黏土版上的《漢摩拉比法典》（*The Code of Hammurabi*），這是古代巴比倫王國漢摩拉比國王制定的法律，作為歷史上最早的成文法典；其條文「如果啤酒酒吧女不接受以穀物支付的啤酒費用而堅持收取銀兩，或者與所收的穀物相比給出啤酒的分量不足時，要對該女處

罰將其投入水中。」（108條）。在古代埃及西元前1400年左右的紙草文書中，就有「在酒肆飲用啤酒，不可爛醉如泥」的文字記載，也可判明在當時埃及已存在酒館了。

另外，古代羅馬曾想把歐洲、中東、非洲變成自己的勢力範圍而大舉進軍。當時是在所到之處一邊安營紮寨一邊向前推進。該營寨就被稱為客棧（英語Inn，可以安眠的地方）。客棧的周圍住民越來越多，便形成了村落。此時便產生了獨立的飲食部門——小飯館（Tavern，酒菜館之意）。這樣，Inn——客棧便成了以住宿為主的設施，而Tavern——小飯館則成了以飲食為主的設施。此後，只提供「飲」用服務的小規模酒館又從Tavern中分離出來，出現了主要給客人提供啤酒的Ale House（啤酒館）。在英國，15世紀後半期是這種啤酒酒館的全盛時期。

諸如此類的住宿飲食形式便隨著時代的變化而變化，實現了從客棧向旅館（Inn→Hotel）、從小飯館向餐廳（Tavern→Restaurant）、從啤酒館向酒吧（Ale House→Ale House Bar）的形式轉變直到今日。

在16世紀後，人們逐漸把公開喝酒的地方稱為Public House。在大英百科全書（1988）指出，Pub是近兩千年前發源於英國的維多利亞時代，到了19世紀成為Pub的黃金發展時代。

從古羅馬起酒吧之沿革如下：

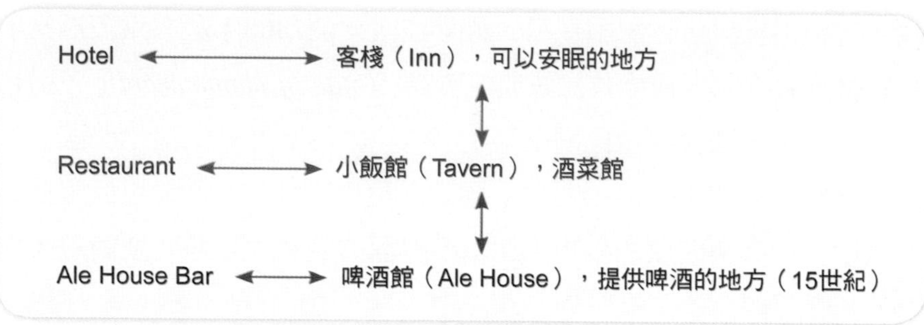

酒吧於美國之歷史，距今約一百五十年前。美國的歷史從東海岸開始，從英國或愛爾蘭來的移民首先定居在以東岸的波士頓或費城為中心的地域內，隨後不久便為了尋找新的天地越過阿帕拉契山脈一路西進。伴隨著他們前進的足跡出現了村落，也出現了古代羅馬軍隊時期相同的Tavern或Salon（「沙龍」，在法語中意思是人們休閒的地方）。此後，Salon又變成Saloon（意為大廳或談話間），它後來成為簡易酒館的名稱。這種簡易的酒館賣的啤酒或威士忌是用桶裝的。簡易酒館的經營在酒桶前設置一種橫桿（Bar，與跨欄比賽的欄架是同一個詞），把客人的座椅與酒桶隔離開來，以避免醉漢靠近酒桶。這種橫桿後來變成了橫板，形成了隔著橫板賣酒的格局。後來這種酒館就被稱為Bar，被廣泛使用於19世紀30～50年代之間。當時的酒吧是站立式，只有一部分設置了桌椅。站立式飲酒的酒吧在19世紀後半期也傳到了歐洲，但當時歐洲的酒館一般是以把酒送到酒桌的方式來進行銷售，所以將美國式站在吧檯前飲酒的酒吧稱為美式酒吧，以示區別。

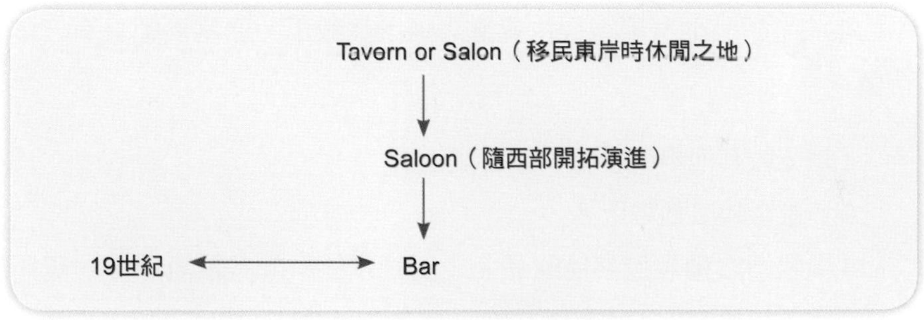

三、酒吧經營型態介紹

酒吧原名為Public Houses簡稱Pub，也有稱為Bar或是Lounge。嚴格來說，Pub是英國人的說法，Bar則為美國人的說法。至於Lounge則

大都是設在高級旅館裡的大型酒吧，雖然字面上不一樣，但都是酒吧的意思，主要以銷售酒類飲料如啤酒、葡萄酒、蒸餾酒、混合飲料或是無酒精飲料的場所。國外的酒吧是一個需要申請販售酒類飲料營業執照並具有公共空間的餐飲服務場所；台灣則是依據「中華民國行業標準分類」編屬特殊娛樂業，定義為「凡是從事歌廳、舞場及有侍者陪伴之夜總會、舞廳、酒家等經營之行業屬之」；對於從事非酒精飲料服務之行業，如咖啡館、冷飲店、茶藝館等則稱屬之飲料店。

Pub的休閒消費文化引進台灣大約是在1950～1960年間，隨著越戰發生美軍的進駐，Pub出現在軍營附近並逐漸在各地興起為台灣巨大的消費市場。1974年越戰結束後，酒吧文化在台灣迅速沒落，直到1980年因國民所得的提升，以及國人對於休閒的重視與KTV、MTV等產業的興起，帶動了酒吧文化。隨著服務業日漸興盛，酒吧的類型逐漸有了不同的變化，轉變成為結合各式服務的消費場所（沈俊志，2002）。

酒吧為提供酒類飲品給予消費者，並提供消費者一個地點可以飲用的地方。與其他餐廳或提供餐飲之場所比較下，通常酒吧具有三種特徵：

1.燈光較其他場所昏暗，並有氣氛。
2.霓虹燈較其他場所多。
3.販售酒之種類較其他飲品多（酒精類飲料較其他場所多，場所內酒精性飲品也比無酒精性飲品多）。

酒吧於世界各地通稱為Bar，此名稱為各國所接受通用，目前台灣各地區因生活方式及消費方式之不同，出現了許多與酒有關之行業名稱，以下為各行業之區分與分析。

1.酒店：仍以飯店居多，而有非侍女服務之場所。

2.酒家：有侍女陪伴飲酒之場所。

3.鋼琴酒吧（Piano Bar）：以現場鋼琴演奏為主題營造氣氛，並有侍女陪伴聊天飲酒。

4.聊天酒吧（Talking Bar）：有侍女陪伴聊天飲酒。

5.同志酒吧（Gay Bar）：同志聚集聊天、飲酒之場所。

以上所有名稱皆非真正之酒吧，真正酒吧並非強調有侍女或特殊性別、人員聚集之場合，而是以供應飲酒為目的之場所，故請勿混淆。

酒吧是供應酒類飲品之場所

Notes

CHAPTER

2

酒吧之組織與編制

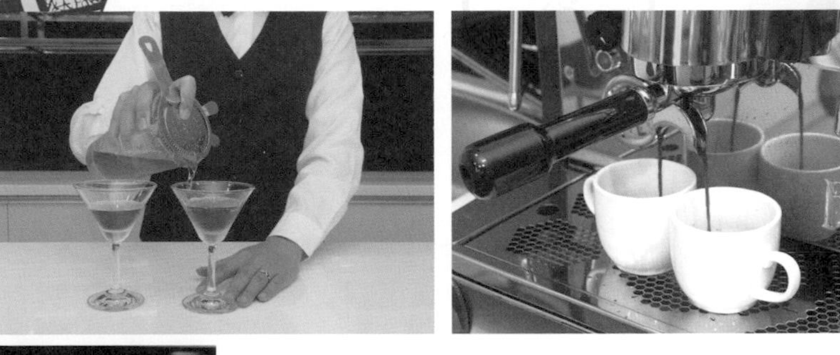

一、常見的酒吧組織編制

二、酒吧內組織工作執掌

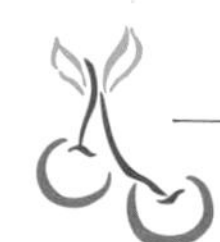

一、常見的酒吧組織編制

常見的酒吧組織編制有酒吧經理（Manager）、酒吧主任（Supervisor）、酒吧領班（Captain / Head Waiter）、調酒員（Bartender）和服務員（Waiter / Waitrees）。

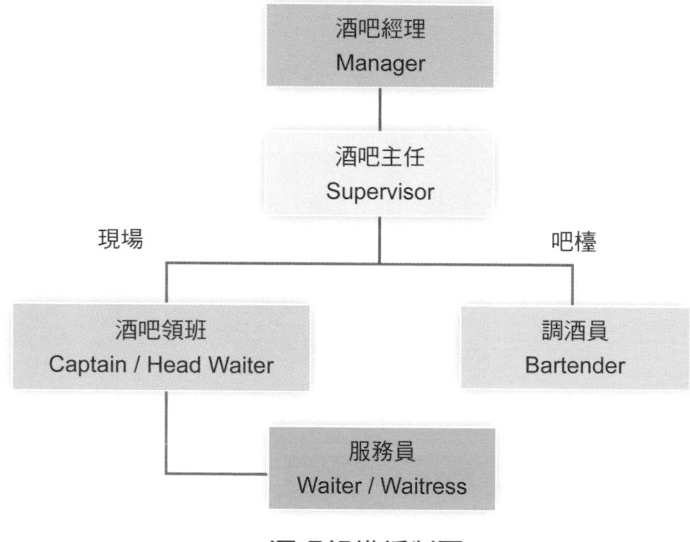

酒吧組織編制圖

二、酒吧內組織工作執掌

(一)酒吧經理

◆專業知識

1.具備餐飲行銷、餐飲服務、衛生安全、餐飲美學等相關知識。

2.具有良好的職業道德水準。

3.掌握酒吧各種飲品的原料及製作服務原則。

4.通曉飲品的特徵，並創造特色飲品。

5.具有酒吧現場經營組織與管理的知識與能力。

6.具有原料採購、訂價、制訂酒單、核算成本的知識和經驗。

7.掌握飲品季節性變化及餐飲市場的發展趨勢。

8.熟悉酒吧的設計標準、環境布置原理。

◆工作執掌

1.擬定全年促銷計畫並督導執行。

2.執行餐飲部門主管交辦之各項任務。

3.遵循並貫徹公司及部門政策。

4.轉達餐飲部門主管之命令並督導員工確實遵守。

5.參加部門例行會議及其他專案會議。

6.擬定年度營運計畫、營業目標及銷售計畫並執行完成。

7.深入瞭解酒吧業績、成本費用等，並會同財務部門擬定全年度預算。

8.充分瞭解並妥善管理酒吧之財產設備及餐具器皿。

9.分析每月營運狀況並掌握酒吧客源層面及客戶來源。

10.提出酒吧訓練計畫並督導訓練完成。

11.處理顧客抱怨及突發緊急事件。

12.主持酒吧例行會議督促執行。

13.維持良好人際及工作關係，與相關單位協調溝通以利各項工作之推動。

14.營業前後檢查各項準備工作並於營業時段親駐現場。

15.注意成本控制，依顧客建議檢討改進。

16.協助人事面談並負責員工年度考核評議。

17.配合部門彈性調派人力並維持酒吧最佳運作。

18.確實督導執行危害分析與重要管制點（HACCP）制度。

19.建立酒吧內部管理規章及各項規定公布實施。

20.遇天然災害意外時，主導應變措施並留守防災。

21.審核評估標準現行作業程序並適時予以修改。

(二)酒吧主任

◆專業知識

1.具有良好的職業道德水準。

2.掌握酒吧各種飲品的原料及製作服務原則。

3.具有酒吧現場經營組織與管理的知識與能力。

4.具有原料採購、訂價、制訂酒單、核算成本的知識和經驗。

5.掌握飲品季節性變化及餐飲市場的發展趨勢。

6.熟悉酒吧採購、驗收、儲存、上架的控制。

7.熟悉酒吧及飲品所用的基本英文專業術語。

8.具有果雕的專業技能。

◆工作執掌

1.經理休假時，代理其職務。

2.執行酒吧經理交辦之各項任務。

3.遵循並貫徹公司及部門政策。

4.轉達上級之命令並督導員工確實遵守。

5.管理酒吧之財產設備及餐具器皿。

6.分析每月營運狀況並掌握酒吧客源層面及客戶來源。

7.執行酒吧訓練計畫並督導訓練完成。

8.處理顧客抱怨及突發緊急事件。

9.維持良好人際及工作關係，與相關單位協調溝通以利各項工作

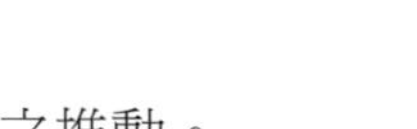

之推動。

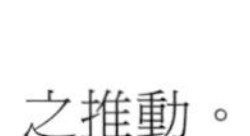

10.營業前後檢查各項準備工作並於營業時段親駐現場。

11.注意成本控制，依顧客建議檢討改進。

12.配合部門彈性調派人力並維持酒吧最佳運作。

13.確實督導執行危害分析與重要管制點（HACCP）制度。

14.建立酒吧內部管理規章及各項規定公布實施。

15.遇天然災害意外時，主導應變措施並留守防災。

16.將員工的工作表現，呈報主管作為員工績效評估的參考。

(三)酒吧領班

◆專業知識

1.具有辨識酒品的知識。

2.具備良好的個人品質和職業道德。

3.熟悉各種雞尾酒的特徵與調製流程。

4.熟悉酒吧日常經營和管理知識。

5.熟悉咖啡、茶類飲品的專業知識。

6.熟悉酒吧採購、驗收、儲存、上架的控制。

7.熟悉酒吧及飲品所用的基本英文專業術語。

8.具有果雕的專業技能。

◆工作執掌

1.主任休假時，代理其職務。

2.執行主任交辦之各項任務。

3.執行酒吧之各項安全規定與衛生檢查工作。

4.擔任酒吧人員每月例行會議之召集人。

5.確使酒吧所有人員遵守公司之各項規定。

6.維持並控管酒吧內所有物料之安全存量及每日存貨狀況。

7.與財務部成控人員配合執行各項盤點工作。

8.對酒吧財產設備、餐具器皿等，充份瞭解並妥善管理。

9.於營業時間內要求服務人員服務項目、標準及注意顧客狀況。

10.負責排定酒吧人員每月班表及休假表並呈主管審核。

11.處理各項顧客抱怨事件及突發緊急事件。

12.填寫每日工作日誌並交至餐飲部辦公室。

13.確保酒吧內每日酒帳之正確性，製作每日酒水報表。

14.教導酒吧人員標準作業流程（Standard Operation Procedure, SOP）並督導執行。

15.熟悉買單與結帳作業流程。

16.填寫各項轉帳單並呈送主管核示。

17.審核各項工程請修單，遇重大請修經主管核示，追蹤修復工作。

18.參加部門或人事部門所安排的訓練課程。

19.培育所屬服務員餐飲知識、服務技巧、消防安全、思考管理，以及接受指示、命令。

20.報告、聯絡要商量的事項，提高服務品質、工作效率，以達到相同意識。

21.其他交辦事項。

(四)調酒員

◆專業知識

1.具有辨識酒品的知識。

2.具備良好的個人品質和職業道德。

3.熟悉各種雞尾酒的特徵與調製流程。

調酒員須熟悉各種雞尾酒的特徵與調製流程

4.熟悉酒吧日常經營和管理知識。

5.熟悉咖啡、茶類飲品的專業知識。

6.熟悉酒吧採購、驗收、儲存、上架的控制。

7.熟悉酒吧及飲品所用的基本英文專業術語。

8.具有果雕的專業技能。

◆工作執掌

1.主任休假時，代理其職務。

2.營業前整理吧檯內部、外賣區及準備營業所需之各項物品。

3.檢視工作區域內的物品是否足夠，必須預先做好準備，以提供良好服務品質。

4.保持服務區域內之整齊與清潔。

5.督導服務員使用正確的服務方式及接受指示、命令、報告、聯絡要商量的事項。

6.負責將顧客遺留物填寫簿冊，通知主管後送交大廳。

7.提高服務品質、工作效率，以達到相同意識。

8.注意顧客動態，隨時提供優質服務。

9.協助現場點酒及經驗技巧傳授。

10.熟悉酒單及各項飲料之製作。

11.確使酒吧內所有器具均清潔、良好、堪用、無缺口。

12.協助領班執行各項盤點工作。

13.開立所需物料之申購單及領料單。

14.注意每日保管組通知提領各項貨物。

15.確實遵守公司各項規定。

16.有良好衛生概念。

17.參加部門或人事部門所安排的訓練課程。

18.記錄每月例行會議內容並呈交主管核示。

19.其他交辦事項。

(五)服務員

◆專業知識

1.具有良好的外語能力。

2.具備良好的個人品質和職業道德。

3.熟悉各種雞尾酒的口感與調製流程。

4.具有咖啡、茶類飲品的基本知識。

5.熟悉酒吧及飲品所用的基本英文專業術語。

6.熟悉各式器皿的使用方法。

7.熟悉各種酒品的服務方式。

◆工作執掌

1.負責服務區域內之清潔與衛生。

2.服務顧客酒水、飲料、食物之運送。

3.熟悉各式器皿的正確使用方法。

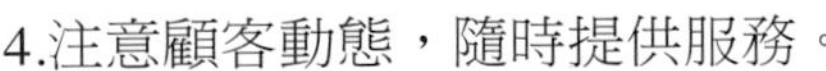

4.注意顧客動態，隨時提供服務。

5.保持個人儀表之清潔與衛生。

6.熟悉酒吧內各項機器之操作及保養。

7.遇顧客抱怨或意見立即通知幹部或主管處理。

8.保持微笑、熱心、誠懇、有禮待人。

9.瞭解菜單內容並做適當之推薦與促銷。

10.遇顧客遺留物立即通知幹部或主管處理。

11.同事如有任何異狀時應加以處理及呈報主管處理。

12.顧客離開後迅速而輕巧的收拾桌面。

13.補充各式所需之備品。

14.瞭解領貨補貨之程序。

15.擦拭清洗各式餐具杯類。

16.定時記錄冰箱溫度，遇不正常溫度時立即反應。

17.定期為酒吧內所有盆栽澆水及施肥。

18.參加部門或人事部門所安排的訓練課程。

19.其他交辦事項。

Notes

CHAPTER

3 酒吧經營與管理

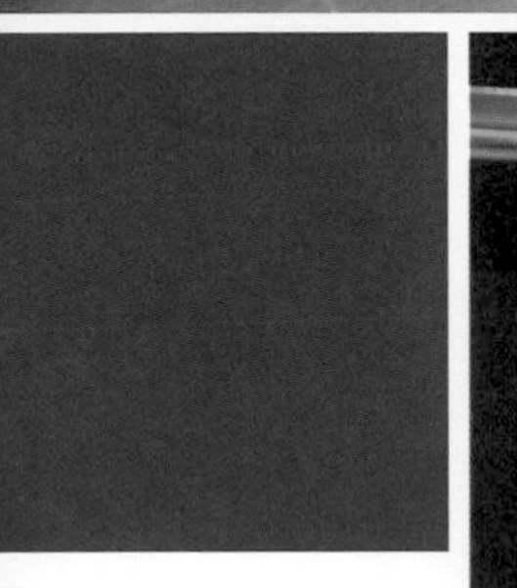

酒吧的經營規模較小，但其機動性大、流量大，成本較低但獲取的利潤較高。然而成本是在管理中最不易控制的要素，因此必須要針對酒吧內的人、財、物等資源加以有效的計畫、組織領導與控制來達到目標。

一、酒吧人員管理

「人員」是管理層面中最艱辛的一環，將來自不同成長經歷、性格、學識和經驗背景的人員，透過有技巧的培育和訓練，讓每位人員都能在對的位置發揮出最大的潛能。酒吧本身也會透過有制度的人員管理來提升服務品質。

調酒員的儀表和個人衛生是最重要的一環，能幫助你建立起個人的專業形象，可使顧客在第一次見面時，馬上對你做出評斷。個人必須保持微笑、舉止親切同時謙恭有禮，才能讓顧客滿意你所提供的服務。

(一)吧檯人員態度

◆認識所有酒類知識

包含各類型的酒類製造方式、典故、英文名稱、中文名稱，乃至是各國名稱、出產地、酒廠名、酒精濃度、飲用時機。

◆遵守調酒配方

許多酒類（如雞尾酒）須有特殊調配方式，必須遵守調製配方才不致於有產品品質（口感、味道）不齊或是換人操作時做出不同的東西。

◆熟記產品及物料名稱

除了酒類以外尚有許多之配料及物料，如橄欖、鳳梨罐、櫻桃、通寧水、薑汁水等。各類不同物料做出各類不同產品，調酒員除了具備調酒能力外，務必熟記所有調酒清單中之產品項目品名、物料名稱。

◆具備酒類調製知識

雞尾酒調製之方式及技巧，依各類型而有所不同。調酒員應具備所有調製方式之知識及技能，才能發揮酒吧之功能。例如蜂蜜加熱會產生毒素、果汁加熱會破壞維他命C等。

◆取得調酒證照

各行之證照制度，酒吧之調酒員也應受規範。不論衛生、技巧等，目前台灣地區已由勞委會職訓局執行丙級與乙級調酒技術士技能檢定。將來酒吧調酒員皆需具備技術士證照。

◆具創造能力

除了基本之調酒知識外，調酒員更應發揮卓越之創造能力，加以研發創新產品。

◆具評估觀察能力

所謂評估觀察能力並非只針對營業及其販售項目，而是全面性。依顧客之性別、年齡、心情適當販售。

◆具專有術語之能力（含語文能力）

酒吧有許多專用術語，例如加冰塊為on the Rock、附冰水為Water Back等；基礎外語可增進調酒員社交能力與服務以避免誤會產生。

◆具備熟悉設備、操作用具之能力

酒吧用具及設備種類繁多，調酒員需熟悉各項設備之使用方式、各種用具之使用技巧甚至故障排除及安全操作觀念。

◆具有社交技巧

1.招呼：所有顧客進門光臨時，應先打招呼。這會促使調酒員與顧客間良好關係的建立，盡可能使顧客坐在吧檯前的位子，可縮短距離；若吧檯相當忙碌時，仍然要向顧客打招呼表示友善。

2.談話：良好的調酒員在服務顧客的時間內，會適宜的與顧客談話，若有兩位單獨客人連座時，可適度的引起與兩位顧客間的話題。但忌論及政治、宗教、種族等爭議性話題。

3.傾聽：學習當一個良好的聽眾，當顧客談及一知半解或是完全不瞭解的話題時，適度的轉移話題。

(二)吧檯人員應有的儀態規範

1.姿勢：保持站立輕鬆但不隨便的姿勢。

2.頭髮：男性應保持整齊短髮經常修剪；女性如是長髮應綁髮髻。

3.香水：值班時盡可能不使用香水。

4.態度：隨時保持機警並容光煥發，保持微笑、態度良好。

5.面容：男性不可蓄留鬍子，女性宜化清爽淡妝。

6.習慣：值班不可吃東西、抽菸及喝酒。

7.領結：領結色澤宜黑色為主，並清洗乾淨繫上。

8.首飾：值班盡可能不戴任何珠寶首飾。

9.手部：保持乾淨、乾燥，指甲應經常修剪整齊。

10.制服：服裝應燙平，不可汙穢。

11.絲襪：不可穿網襪或有破損的絲襪。

12.鞋子：應穿著安全舒適的鞋子。

吧檯人員應保持服裝儀容之整齊清潔

(三)酒吧工作執掌與標準服務規範

酒吧管理者在設置組織機構時，要明確清楚經營的性質與範圍，並掌握向顧客提供的服務類別，並以此來預估酒吧商品的銷售數量後制定組織概況與執掌。

◆設立酒吧工作執掌

對於酒吧內各職階的人員列出詳細的責任，可先確定每位職工應完成的任務並確保經營服務範圍的完整性，讓每項工作都有專人負責（工作執掌內容請參考第二章「酒吧內組織工作執掌」）。

◆設立標準服務規範

建立標準作業流程（SOP），就是將某一事件的標準操作步驟和要求以統一的格式描述出來，用來指導和規範日常的工作。讓酒吧現場營運時累積下來的技術、經驗，記錄在標準文件中，以免因技術人員的流動而使技術流失，也能使服務人員或調製人員經過短期培訓即能快速掌握。為了能調整酒吧人員在酒水服務或是調製流程上，均能夠達到一致性，不因不同的人而創造不同的步驟與方式，影響酒吧的經營水準。因此在服務與調製的過程中針對每一個流程拆解說明，其標準作業流程如**表3-1**所示。

(四)人員考核

酒吧人員考核是按照一定的標準來評定人員對於工作崗位和職責的執行程度，以確定工作成績的管理方法。考核的成績可用於判斷人員稱職度，並以此作為員工培訓、升遷、調動職位、辭退與調薪的依據。

表3-1　吧檯服務標準作業流程

<table>
<tr><td colspan="6">XX飯店
○○吧服務標準作業流程</td></tr>
<tr><td>類別</td><td colspan="2">餐飲服務禮儀——飲料類服務</td><td>編號</td><td colspan="2">HREoa7-009</td></tr>
<tr><td>名稱</td><td colspan="2">如何開紅酒</td><td>器材</td><td colspan="2">紅酒杯、紅酒、服務巾、酒刀</td></tr>
<tr><td>目標</td><td colspan="2">學員於十分鐘訓練結束後，將能陳述並依照紅酒開酒服務之兩個步驟且於兩分鐘內正確的完成開酒服務步驟。</td><td>教學對象</td><td colspan="2">新進人員
服務生
實習生</td></tr>
<tr><td>步驟(1)</td><td>1.驗酒服務

2.開瓶服務</td><td>標準(2)</td><td>1a.至酒櫃取顧客所點之酒，左手用服務巾墊瓶身，右手持瓶頸標籤朝上。
1b.站立顧客右方展示予以驗明。
2a.取出酒刀拉開小刀部分由瓶頸突出中央環切去錫箔，用服務巾擦瓶口。
2b.收小刀開旋轉器，左手握瓶頸拇食指輔助。
2c.旋轉尖斜入軟木塞中心旋入。
2d.轉至旋轉圈約留半圈打開支撐。
2f.用槓桿原理慢慢將軟木塞拉出勿發出聲響。
2g.用服務巾將瓶口擦拭乾淨。
2h.將軟木塞放在客人右手邊給客人驗味道。</td><td>問題(3)</td><td>1.如何作開瓶前驗酒服務？

2.如何作開瓶服務？</td></tr>
<tr><td>經驗傳授</td><td colspan="5">1.驗酒時，記得覆誦酒名，以免有誤。
2.拔取軟木塞是往上提，而非向前，切忌太快，以免斷裂。
3.軟木塞因產地而異，長短不一，開瓶時應注意，若有必要，軟木塞拔出一半時再旋深入，拔出。</td></tr>
<tr><td colspan="6">本次確認日期：　　年　　月　　單位主管簽名：＿＿＿＿＿＿＿＿

部門主管簽名：＿＿＿＿＿＿＿＿</td></tr>
</table>

◆考核原則

1.酒吧人員考核重點著重於品德、能力、態度、績效四大趨向。

(1)品德：工作道德品質觀念與綜合表現。

(2)能力：工作組織能力、操作能力、判斷能力與應變能力。

(3)態度：工作態度、EQ情緒管理、主動性與出缺勤狀況。

(4)績效：工作效率、工作執行達成率、工作表現。

2.酒吧人員考核必須秉持全方位評估與公正、公開原則來進行考核。

(1)全方位評估原則：酒吧人員的工作是持續不斷的行為，考核面向也須以長期化的標準來核定。員工在不同的時間與狀態皆會有不同的行為表現，因此應多方蒐集員工表現的訊息再加以評估考核。利用上級考核、同儕考核、自我考核的交錯方式較易建立起多層次與多管道的全方位考核體制。

(2)公正原則：考核的依據必須以客觀公正的原則出發，建立量化的績效評量系統減少個人情緒與主觀成分的考核分數。

(3)公開原則：所謂公開原則是必須要將考核的辦法、方式、標準公開化，並確實傳達正確的資訊給受考核對象。在考核的過程中必須要公開過程並接受監督，以防止黑箱作業造成不公情事。最後必須要公開考核結果以完成完整的考核模式。

◆考核方法

1.業績評核法：此法是廣泛被採用的考核方式，將考核因素如工作態度、工作技能、工作質量等列舉出後，依據五等評量表分為「優秀」、「良好」、「合格」、「稍差」與「不及格」進行考核。此法的優點在於簡便快速易於量化，但容易出現主觀偏差的問題。

2.工作標準對照法：此法是將酒吧的標準作業流程（SOP）與受考核人員實際工作內容相對照，來確定工作績效的一種考核方式。此法的優點在於考核標準明確，易於考核與給分，但缺乏可量化的指標質。

3.標準排序法：此法是將限定的項目範圍內將人員的表現以特定標準依序排列的一種考核方式。例如依據酒吧人員每日銷售House Wine的紀錄進行排序，依此推論於各項服務與標準。此法簡單易執行速度快，可以避免評核的誤差；但是標準單一造成績效評估結果偏差大。

4.特殊事件法：此法是將對酒吧與服務單位產生有助效益或消極影響力行為的一種考核方式。例如某位酒吧人員因撿獲顧客遺失的文件後儘速送回而獲得顧客的好評，並對酒吧產生正面印象。然而此考核方式考核者要仔細考察並真實記錄所有的事件內容，在資料的蒐集上較為辛苦且負擔重，但有個人化突顯的優勢不易受到考核主管的因素左右。

5.目標管理法：此法是目前較為流行的考核方法，考核者與酒吧人員共同訂定工作目標，並為達到工作目標來制定人員的績效水準。但在考核期間則必須依據環境變化來修改目標，並於目標執行期限到期後與人員共同討論檢討，並制定下一次的工作目標與績效目標。此考核方式讓被考核人員共同參與目標訂定的計畫，會增強人員滿足感和工作的自覺性，更能激發工作的積極度。

考核表範例如**表3-2**和**表3-3**所示。

表3-2　員工考核表

□臨時考核
□年度考核
□試用考核

XX飯店員工考核表

考核期間：自　　年　　月　　日至　　年　　月　　日

單位		職稱		職等		姓名	

項目 ＼ 評分	優	良好	可	劣		說明事項
領導能力 15					初核人	
工作效率 15						
協調力 10						
企劃力 10						
判斷力 10						
專業常識 10					複核人	
責任感 10						
品德 10						
創意 5						
進修心 5						
以上考核由人事單位換算為　　分						

加扣分			建議事項	
	記大功　次　分	記大過　次　分		一、調整薪資
	記　功　次　分	記　過　次　分		□晉（　）級
	嘉　獎　次　分	申　誡　次　分	建議事項	□降（　）級
	全　勤　月　分	事　假　日　分	（人事主管、單	二、晉升
		病　假　日　分	位主管會商建	□另附人事異動申請單
		遲　到　次　分	議）	三、調職
		曠　職　次　分		□另附人事異動申請單
	累計加　　分	累計扣　　分		□試用不合或辭退

考核結果：　　分評　　等

總經理	副總經理	人事主管

填表說明
1.初核人在考核每一項目後，只須在適當欄內加一勾（✔）。
2.複核人對初核人員之評分如認為必要更改，應以紅字為之，以資識別。
3.凡列優或劣者應於「說明事項」欄內補充說明原因。
4.考核時應以員工在全部考核期限內之平均表現為依據。

表3-3　員工年度考績評分表

（基層幹部）		XX飯店 員工年度考績評分表				核定總分		等級
員工編號			姓　名			單　位		
職　稱			到職日期	年　月　日		現職到職日期	年　月　日	
工作內容								
考核項目		配分	分項鑑定及核給分數（劃"○"）					
工作	1.組織領導能力	15	1	領導有方，有卓越建樹	很能領導，表現良好	尚能領導，勉可勝任	不得信任，非其所長	為下反對，能力缺乏
			初核	15、14、13	12、11、10	9、8、7	6、5、4	3、2、1
			複核	15、14、13	12、11、10	9、8、7	6、5、4	3、2、1
	2.問題解決能力	15	2	善於解決問題，反應快，說服力強	遇問題能把握重點，說服力稍強，能使部屬信任	遇問題能即時處理，說服力尚可	反應及說服力稍差	未能即時處理，反應差，待加強
			初核	15、14、13	12、11、10	9、8、7	6、5、4	3、2、1
			複核	15、14、13	12、11、10	9、8、7	6、5、4	3、2、1
	3.工作績效	15	3	工作迅速有效，均能達到預期目標（水準）	工作積極，效率佳，概能達成預期目標（水準）	工作尚能積極，效率可	目標達成率尚可，但仍待督導	工作效率待加強
			初核	15、14、13	12、11、10	9、8、7	6、5、4	3、2、1
			複核	15、14、13	12、11、10	9、8、7	6、5、4	3、2、1
	4.計畫創意能力	10	4	處事善於規劃，能積極提出獨創見解	處事有方，能自動研究創新	能保握重點，稍加指導即可	尚能規劃，無太多創新	處事草率，未能創新
			初核	10、9	8、7	6、5	4、3	2、1
			複核	10、9	8、7	6、5	4、3	2、1
	5.協調合作能力	10	5	在本位外，尤能欣然與別人合作	願意協助他人分擔自己能夠履行的工作	通常概能協調合作	鮮有合作的行動	不能分擔工作協調性差
			初核	10、9	8、7	6、5	4、3	2、1
			複核	10、9	8、7	6、5	4、3	2、1
學識	6.責任感	10	6	忠誠服務，銳意精進	處事穩健，極少督促	尚稱負責，但常督促	處事不甚起勁，屬於被動	推諉責任，浪費時間
			初核	10、9	8、7	6、5	4、3	2、1
			複核	10、9	8、7	6、5	4、3	2、1

（續）表3-3　員工年度考績評分表

學識	7.分析判斷能力	5	7	有高度的分析能力，能正確判斷處理	具分析能力，亦能正確判斷	稍具分析能力，能應用經驗判斷	在較狹窄範圍內，可自行判斷	只依上級指示執行
			初核	5	4	3	2	1
			複核	5	4	3	2	1
	8.本職技能學識	5	8	本職學識極佳，技能嫻熟，善於應用	本職技能學識在工作要求之上	技能學識尚能領導，應付部屬	技能，學識尚可	欠缺
			初核	5	4	3	2	1
			複核	5	4	3	2	1
	9.培植部屬能力	5	9	能積極培訓部屬，自動自發毫不保留	能教導部屬，改進部屬缺點	尚能培訓部屬，極少督促	尚能培訓部屬，但常督促	鮮少培訓部屬，較為被動
			初核	5	4	3	2	1
			複核	5	4	3	2	1
品德	10.工作態度	5	10	對工作甚感興趣，認真積極	能接受批評指導，勇於改過	對工作尚積極，執行力稍差	見異思遷，對工作無興趣	漠視工作，不聽指揮
			初核	5	4	3	2	1
			複核	5	4	3	2	1
	11.品格修養	5	11	溫文有禮，能獲得信任	和藹，實事求是予人有相當印象	待人接物，平易相處，尚稱適中	固執己見，個性稍強	孤僻，暴躁，跋扈，不易相處
			初核	5	4	3	2	1
			複核	5	4	3	2	1
勤惰	事假____天 病假____天 遲到、早退____次 曠職（工）____天			初核簽章			得分（30%）	總分
				複核簽章			得分（30%）	

(五)酒吧工作人員數量評估

酒吧工作人員數量必須要考慮到酒吧的營業時間與營業狀態來制定。一般來說，酒吧的營業時間多為上午11點到凌晨1～2點左右，傍晚至午夜是營業的高峰期。平均每個酒吧會配置調酒員和服務人員4～5人左右，並且依據座位數與營業時段來安排工作人員數量。

1.30個座位酒吧：調酒員1名、服務人員3～4名。

2.50個座位酒吧：調酒員2～3名、服務人員4～5名。

以每日供應100杯飲品搭配1名調酒員和2名的服務員為比例原則來調配計算調整，但也必須考量現場服務人員與調酒員技巧純熟度而作修訂。

(六)人員班次安排

根據每日營業量的預測可以確定每日的職工需求數，一般來說，顧客數量越多則每位酒吧人員要能服務的需求就必須越高（**表3-4**）。可以透過測試來調解與瞭解不同營業時段對員工的需求數。

表3-5是針對各時段人員的需求數排出人員的工作班表。

為應付酒吧每日營業客源狀況高變化的特點，可運用下列幾個要點來安排：

◆利用分班制度

使用兩頭班方式在需要人力的時段安排上班，人力需求較少的時段則不上班以節省不必要的人力浪費。

◆利用臨時員工制度

有些服務工作屬非技術或半技術性質，可以考慮僱用臨時工，增

表3-4　客人預測數與服務員需求數表

Happy Bar週六客人預測數與服務員需求數表		
營業時段	預測來客數	服務人員需求數
10:00～11:00	0	2
11:00～12:00	6	2
12:00～13:00	25	3
13:00～14:00	20	3
14:00～15:00	30	3
15:00～16:00	30	3
16:00～17:00	15	2
17:00～18:00	30	3
18:00～19:00	30	3
19:00～20:00	40	3
20:00～21:00	50	5
21:00～22:00	50	5
22:00～23:00	30	3
23:00～24:00	20	2
24:00～01:00	0	2

表3-5　人員工作班表（營業時段11:00AM～23:00PM，提供下午茶的酒吧人力排班表）

	10-11	11-12	12-13	13-14	14-15	15-16	16-17	17-18	18-19	19-20	20-21	22-23	23-24	24-01
A	■	■	■	■	■	■	■	■						
B				■	■	■			■	■	■	■		
C		■	■	■	■	■				■	■	■		
D					■	■	■	■	■	■	■	■		
E							■	■	■	■	■	■	■	■

加酒吧服務人力。巧妙的運用臨時工可以節省人事費用，不過一定要做好完整的技術培訓教育，並且定時僱用以方便臨時員工預先安排自己的時間來確保餐廳的人力需求。長期使用定時的臨時員工可使這些人力累積工作經驗與提供服務技術，使酒吧減少招聘費用和人力。

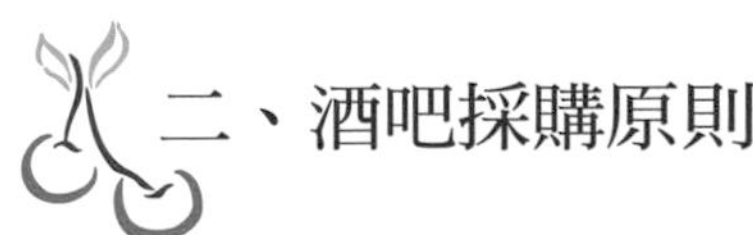

二、酒吧採購原則

採購是酒吧營運作業的開始，有良好的物料品質才能夠提供優良的商品使酒吧發揮本身的特色與功能。

(一)採購的定義

「採購」是酒吧對於營運所需的材料、設備、勞務的採購作業流程，經由市場調查分析後選定貨源與供應商，並確保所需物資或勞務能夠如期交貨驗收。

(二)採購原則

酒吧的採購工作多半由酒吧經理負責採購或由專員負責採購，無論使用哪一種情況必要注意，一定要由專屬的人員來負責酒吧物料與酒水的採購工作。同時為了便於管控，採購人員不可以兼任酒水的配置和銷售工作，以杜絕採購弊案的問題發生。酒吧酒水的採購利潤高於一般餐廳的菜餚採購，不過酒類的品質不易評估，其品牌價格高低差異甚大，採購時要注意幾點原則：

◆符合餐廳營運型態

基本考慮必須要能夠符合酒吧本身經營的特性以及商品所需。

◆符合顧客需求

選擇酒類品牌除了自身酒吧營運的特色外，最重要的是要能夠滿足目標市場消費者的需求，依消費顧客層級與消費習慣來採購合宜的品項。

◆配合酒吧銷售量與存放空間

端看酒吧酒水的銷售量與儲存空間，如銷售狀況好的酒類可以提高進貨數量，且應該同時兼顧庫存空間是否可提供完整良善的儲存空間。

◆熟悉各種品牌酒的特性與用途

選購酒水要先瞭解其用途、產地、年份、口味、酒精濃度、容量和價格等訊息，這些因素都會影響採購的品質，一般酒吧的做法會將各類酒水中選擇一款價格適中的品牌作為通用牌號，再將其他的品牌酒水作為指定品牌。例如Happy Bar在調製雞尾酒時使用到「琴酒」，酒吧可先設定預設高登琴酒（Gordon's Gin）為通牌，並將英國龐貝藍鑽特級琴酒（Bombay Sapphire Gin）設為指定品牌。如顧客要求使用龐貝藍鑽特級琴酒調製則需另外說明並收費。為了能夠詳細標示正確的採購規格，可以製作採購規格卡（**表3-6**）以方便瞭解採購資訊。

◆供應商的價格與服務

採購酒吧材料多由酒商、批發商等來協助採購，在供應商的品質

表3-6　採購規格卡

XX飯店採購規格卡		
名稱	蘇格蘭單一純麥威士忌酒Scotch Whisky	
用途	○○酒吧指定品牌	
產地	蘇格蘭高地	
品牌	Glenfiddich	
容量	750ml	
外觀	綠色玻璃三角瓶	
酒精濃度	43%	

上一定要慎選，其進貨價格必須要具有市場競爭力以及可以提供完整的售後服務，並且考量其地理位置、財務狀況、使用狀況、業務人員的專業度、交貨週期、價格合理性與配合度等因素。切勿採購來路不明的原料和酒類。

(三)採購數量評估與計算

計算採購數量之前一定要有完整的盤點機制，每日確實填寫的酒水盤存表可以幫助瞭解酒吧各項物料使用狀況，其中的最低存貨量也就是訂貨點，當庫存的數字達到最低存貨量時則必須馬上進行採購。有些酒吧規定在現有存貨量高於最低採購量時，不得提出採購，以有效的控管數量。

一般物料的採購數量計算公式：

每日需求量×購備時間（天數）＋安全庫存量＝訂購量

生鮮材料的採購數量計算公式：

銷售需求量－現有庫存量＝訂購量

(四)酒水驗收

酒吧驗收的目的在於透過驗收程序杜絕不符合規定的酒水與原物料進入酒吧，保證顧客的消費權益。

◆驗收程序

依據採購單確實核對實際到貨的牌號、數量、規格、價格是否

有誤，並且注意包裝外觀與製造日期。如有不一致之處應儘速辦理退換貨作業且做好記錄。採購專員驗收合格後，在驗收單上簽名或是發票上蓋印驗收章。將驗收完畢的酒水與原物料依照儲存方式依序放入倉庫或酒窖存藏。將驗收核可的進貨發票與報表送至財務部或會計審查，以便辦理入帳手續。驗收單範例如**表3-7**所示。

◆酒水發放要領

倉庫是酒水與原物料儲存最重要的地方，各種品牌的酒水與各式原物料的數量管控也是採購專員的壓力，因此在倉庫管理上應要嚴格控管進出倉庫的人員，也就是僅能開放部分權限得以進入倉庫拿取營業所需的資源。領貨時一定要與管理人員確實檢查請領的酒水品項、規格和數量後才可簽名領回。若發生請領與實際數量不符時，會導致財務部在會計帳目與成本核算上出現問題造成混亂。領料單範例如**表3-8**所示。

表3-7　驗收單範例

XX飯店　驗收單

驗收單號：E10160407　　需用部門：XX酒吧　　日期：

料號	品名與說明	數量	單位	單價	小計
21513	光泉鮮奶1L	5	瓶	110	550
61430	DK杏仁香甜酒	2	瓶	350	700
51220	德舍椰子糖漿	2	瓶	320	640

請購單號	Q1016620406	合計	1,890
		稅額	95
發票號碼	AZ00000000	總計	1,985

驗收部門：　　使用部門：

表3-8　領料單範例

XX飯店　領料單						
請領單號：Q1016620406			需用部門：XX酒吧		日期：	
品名	規格	單位	數量		單價	小計
			申請數量	實發數量		
光泉鮮奶	1L	瓶	5		110	550
杏仁香甜酒	750ml DK	瓶	2		350	700
椰子糖漿	750ml 德舍	瓶	2		320	640
合計金額：1,890元						
部門主管：		領料人：		庫管員：		

三、酒吧物料管理

經營酒吧所採購的各項設備種類繁雜且性質互異，除了少部分的非消耗品外，其餘大部分為消耗品。因此在管理上如果沒有系統化的管控，容易造成浪費、毀損和失竊的情形。反之，若建立完整的系統管控則可以降低營運成本與費用耗損，以提高經營的獲利率。

(一)物料管理的意義

物料管理是以科學管理的方法確保酒吧營運所需的各種物料和材料能夠合宜的在成本控制作業流程下提供生產與銷售，藉由物料管理的模式來防範物料在營運過程中因人為疏失的浪費、損耗或遭竊，藉以降低營運成本創造利潤的方式。

(二)物料管理的範圍

物料管理的範圍相當廣泛，著重於全面性、綜合性的工作。常見的酒吧物料管理範圍有：

1.商品的銷售預測。
2.物料採購驗收。
3.物料的倉儲與收發管理。
4.酒吧的生產與調製。
5.商品的品質管控。
6.物料盤點。

(三)物料分類原則

物料的分類主要依據消耗程度、營業用途、物料特性及物料價值來分類，並製作各類別的物料消耗定額與目錄，達到成本控制的目標。其中「物料特性」為酒吧常使用的分類項目。

1.日常用品類：文具、紙張、布巾。
2.雜貨類：調味料、餅乾。
3.酒水類：烈酒、香甜酒、糖漿。
4.生鮮類：蔬果、雞蛋。
5.機電類：空調設備、營業設備、音響。

(四)物料盤點目的

物料盤點主要使酒吧各種物料的庫存量能夠保持適當的數量與品質，避免庫存過多或過少而造成損失。經營者可以透過物料盤點瞭

須嚴格控管酒水之數量與品質，避免人為因素而造成損失

解酒吧營運物料實際成本支出的費用狀態，來計算出營運的毛利與利潤，亦可防止物料因為人為疏失而造成短缺、腐爛、盜用等損失，減少舞弊事端發生。

(五)物料盤點方法

一般常見的物料盤點方法簡單歸納有四大類：

◆定期盤點

以固定的時段進行庫房存貨的盤點，以瞭解實際庫存情況作為核算該期成本的依據。一般定期盤點期限多以一個月為單位，這也是目前酒吧最常見也最有效的方法。

◆不定期盤點

酒吧管理者或財務稽核人員為了能夠確實瞭解實際庫存管理情況，並落實酒吧的物料管理原則而做出的不定期盤點抽查。

◆全面性盤點

所謂全面性盤點是指酒吧管理者必須依據酒吧庫房的物料財產清冊，包含生鮮原物料以及生產設備、桌椅等項目逐一清點盤存，以供財務部或成本控制相關人員記錄。

◆抽樣性盤點

在物料品項中篩選出部分主要材料作為抽樣盤存的對象，此法較為省時省力，不需耗費太多的人力和物力也可達到管控之效。

盤點單範例如**表3-9**所示。

表3-9　盤點單範例

XX飯店　盤點單

單位名稱：

盤點日期：

料號	品名	規格	單位	數量	單價	總價	進貨日	庫位	盤點數量
620102	白蘭地杯	9oz	個	50	52	2,600	2000.03.15	Z	
620103	雪利酒杯	3.25oz	個	25	76	1,900	2003.05.20	Z	
620104	香檳杯	162cc.	個	100	82	8,200	2011.08.11	Z	
620105	可林杯	12oz	個	80	65	5,200	2000.03.15	X	
620106	馬丁尼杯	5oz	個	75	68	5,100	2009.11.26	Z	

主管：　　複盤：　　盤點人：

四、酒吧成本管控

酒吧的成本管控是酒店經營管理中最重要的項目，管理者可透過成本日報表與月報表來瞭解酒吧的成本耗用，在有限的資源下以最經濟有效的方式獲取最大合理的利潤，達到預期的營運目標。

(一)成本管控意義

運用完善的管制系統將酒吧經營的前準備、採購、製作生產至銷售服務的營運作業，以事前控制、過程控制與事後控制來作整體的分析與規劃，以避免不必要的耗損與浪費，藉以降低營運成本提升服務質量。

(二)成本管控分類

◆依彈性區分

1.固定成本（Fixed Costs）：固定成本是指在一定的業務範圍內，其總量不隨產量或銷售量的增減而相對變動的成本。即使收入產量為零時也必須支出的費用，例如酒吧管理費、人工費用、維修費等支出費用。當銷售量增加時單位產品所負擔的固定成本會相對減少。

2.變動成本（Variable Costs）：變動成本是指總量隨產量或銷售量變化而按比例遞減的成本，例如洗滌費、餐巾紙等費用。

3.半固定成本（Semi-Fixed Costs）：半固定成本又稱為半變動成本，會隨生產量或銷售量的增減而增減的成本。多半會將半固定成本拆為「隨產量變化而相對不變的固定成本」或「隨產量變化而成正比例的變動成分」兩部分。例如特殊節慶活動時，酒吧需要大量的僱用臨時員工時，則臨時員工的費用即為半固定成本。

◆依成本分析區分

1.實際餐旅成本（Actual Costs）：實際餐旅成本是酒吧經營中實際消耗的成本。標準成本和實際成本的差額就是成本差異。此

種成本計算方法雖可精算實際的餐旅成本，但此計算方式為事後結算，無法預先管制。

2.標準餐旅成本（Standard Costs）：實際餐旅成本是指在正常和高效率的經營下，餐飲生產和服務應占用的成本指標。例如每一杯雞尾酒的標準成本來分攤到每位客人的平均成本。

(1)可用於控制實際成本：可用於控制實際成本消耗，將實際消耗的成本與標準成本比較。順差狀況則表示經營績效優於計畫設定，反之，若呈現逆差反應則必須檢討成本管控的內容。

(2)用於決策：標準成本是餐飲成本計畫和經營預算的基礎，有助於選擇商品或開發新服務項目的決策。

(3)餐飲原料標準成本：餐飲原料標準成本屬於變動成本，與銷售的大小成正比例變化。此時需要運用標準成本率來進行，針對每一杯飲料的成本與人力投入狀況來計算實際的成本。

(4)標準直接人工費用：標準直接人工費用的計算是將直接人工時數乘以每小時費用而得，包含工資、福利與補貼等項目。

◆依成本控制區分

1.可控成本（Controllable Costs）：可控成本是指在短期內管理人員能夠改變或控制數額的成本。例如材料成本、行政費、差旅費等皆屬之。

2.不可控成本（Uncontrollable Costs）：不可控成本是指在短期內餐旅成本管制人員無法改變或難以改變的成本，例如折舊費、人事費等均屬之。

(三)成本計算模式

◆成本日報表

每日飲料成本的核算是根據每日發料金額來計算。為了有效的發現飲料短缺情況，許多酒吧經營者會執行使用空瓶領貨，因此只要將空瓶數×整瓶銷售數×單價的總和就可以知道飲料發料的金額。

飲料發料的金額計算方式有：

發料量＝各種飲料標準儲存量－庫存量
發料金額＝每瓶進價成本×各種飲料發料瓶數
日飲料成本淨額＝飲料消耗總額±成本調整額－各項扣除額

然而每日的消耗量不完全為銷售量，有些可能用為招待之用、贈予之用，亦或轉到其他部門時必須扣除以作成本調整。

日飲料成本淨額＝本日飲料發料額＋轉入飲料成本額－移出飲料成本額－招待用飲料成本

◆成本月報表

成本月報表與日報表在計算上大同小異，唯一的區別在於月成本計算時要特別強調庫存盤點的數字，對於盤點時未滿整瓶的結存量也要估計剩餘的價值後核算金額。

飲料淨成本額＝期初庫存額＋本月採購額－期末總庫存額±調整額－各項扣除額

◆消耗量控制

在飲料成本控制上最重要的就是控制消耗量，統計銷售數量來計算出飲料的標準消耗瓶數，進而盤點庫存數量計算飲料的實際消耗量，再將標準的消耗量與實際消耗量來對照可達到對實際消耗量的控制。

1.整瓶銷售：整瓶銷售的飲料比較容易控制，可使用此種方式來管控酒水數量。

標準儲存數＝整瓶銷售數＋其他用料數＋結存數

2.零杯和混合銷售：大多數烈酒進行零杯銷售或以調製成雞尾酒來進行混合銷售。零杯銷售和混合銷售的份數要折合成整瓶數來進行消耗量管控。

折合整瓶數＝每杯容量×銷售杯數／每瓶容量－每瓶允許流失量（1盎司）

◆潛在銷售額控制

根據實際消耗的酒水飲料來計算出應得的營業收入，若實際銷售額少於潛在銷售額則表示有部分飲料的消耗沒有產生收入，就可知道問題的癥結點。

1.整瓶銷售：

整瓶酒水銷售的收入金額＝（實際消耗瓶數－應扣項目瓶數）×每瓶標準售價

2.零杯銷售：

零杯銷售收入金額＝（每瓶容量－每瓶允許溢出量）／每杯容量×實際消耗瓶數×每杯標準售價混合銷售

(1)混合銷售實際差價調整法：根據實際消耗量算出烈酒零杯銷售的銷售額，再統計出混合飲料的銷售杯數算出差價總額後，將兩者相加就是混合銷售的潛在銷售額。

各種酒水每瓶容量－每瓶允許流失量／每杯容量×零杯售價×消耗瓶數×各種混合飲料每杯零杯價×混合飲料銷售杯數

(2)主要配料平均法：主要配料平均法是規定一段期間內記載各種酒水零杯銷售數量和銷售額，混合飲料銷售數量和銷售額來算出平均每盎司酒水的平均售價。

零杯售價×銷售份數＋混合銷售價格×銷售份數／零杯每盎司數×零杯銷售份數＋混合飲料每杯盎司數×混合飲料銷售份數

(四)成本控制分析與控制

成本控制不僅關係到商品的規格、質量與售價，更會影響到酒吧整體的營運收入。無論各種型態的餐旅產業，均以「目標管理」為成本控制的主要基礎。為達到酒吧預期的營運目標，必須先設定標準利潤率，通常以總投資額20%為標準。一般而言，材料成本約占總成本的35～40%、薪資成本約占總成本的20～30%、費用成本約為總成本的20～30%為宜。

一般酒吧規定允許的營業收入差異率在1～3%之間，餐旅成本控制分析主要針對實際成本與標準成本的差額來進行分析，一般酒吧允許差異額比例在1～3%之間，如未達1%屬於正常範圍；若超過1%則要追究原因並及時改進。

營業收入差異率計算公式：

營業收入差異率＝（實際成本－標準餐旅成本）／應得收入×100%

常見的成本差異因素如下：

1.採購與驗收流程環節控管鬆散，有以少報多或使用劣極品充當高級品而使原料耗損率增加。
2.倉庫儲存管理疏失，造成物料耗損與失竊。
3.發放物料控管不嚴，使發料量超過領單量數額。
4.調製過程欠缺標準化作業，如標準酒譜、標準規格等而使調酒時注入過多的酒水。
5.人員粗心打破酒瓶或溢出。
6.商品行銷成效不佳，提升餐旅成本的增加。
7.公關招待活動成本未嚴加管控，造成酒吧營運成本的耗費與失控。
8.銷售流程控管不嚴謹未將銷售的酒水正確記載與記錄。

(五)酒吧管理常見之案例與因應之道

◆案例狀況1

調酒員在銷售酒水過程可能會私自扣除每份酒水的分量，並將扣除的酒水售出或占為己有，此舉嚴重影響酒吧聲譽也影響顧客的滿意度。

因應之道：

此法不易察覺，但若不加以控制會嚴重影響顧客滿意度。管理者需要嚴格要求調酒員使用量杯、量酒器並依照標準酒譜操作。並且嚴格區分調酒員與收銀出納業務。

◆案例狀況2

調酒員在調製飲料的過程中，添加礦泉水或蘇打水來稀釋烈酒或以次級品牌的烈酒來服務顧客。讓每一瓶烈酒得以多增加調製率，並可在不影響酒水成本率的情況下，私自扣除額外的酒水與收入。

因應之道：

管理者要經常抽查酒架上已開瓶的烈酒其顏色與口味狀態，並且要求員工在酒單上填寫酒水牌號，憑空瓶才可領取酒水。加強出入口的檢查制度。

◆案例狀況3

調酒員以零杯出售卻以整瓶出售來記帳，從中私吞差額款項。

因應之道：

管理者應隨時監督與檢查，嚴格執行收銀制度。

◆案例狀況4

調酒員偕同現場服務人員私分酒水銷售的帳款，將酒吧的銷售酒水不入帳。

因應之道：

一經發現立即懲處絕不姑息。實行員工輪班服務避免讓有企圖的員工有機可乘。

◆案例分析5

調酒員未經主管許可私自贈送或招待顧客或親朋好友酒水，造成酒吧收入的損失。

因應之道：

管理者可以制定員工招待與折扣優惠的制度，並且讓人員明確瞭解各級階層的權限。如遇有特殊狀況需先呈報主管簽核並完成申請流程。

◆案例分析6

收納人員已經收取顧客費用卻聲稱該名顧客逃帳未付款，以期能夠坐收漁利。

因應之道：

管理者應讓酒吧人員知道，若發生客人逃帳後果自負；發生現金短缺時也須由出納人員負責。

CHAPTER

4 酒吧營運工作流程

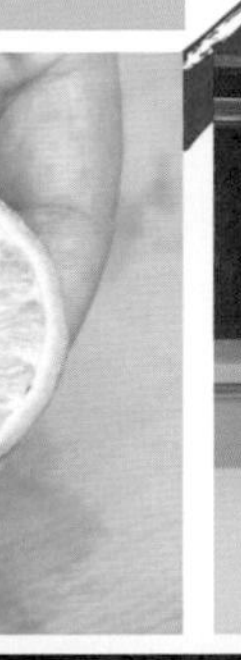

一、營業前準備工作

二、營業中執行工作

三、營業後善後工作

酒吧的服務必須要求程序化、標準化，才能夠確保產出品項的品質水準。因此管理者必須要訂定完整的標準工作流程，以此為依據完成營運前、營運中與營運後的工作細項。

一、營業前準備工作

(一)打掃內外環境

營業之前必須要清潔酒吧內外環境，尤其酒吧檯面多半使用大理石或硬木材質，在清潔之前要先用濕布擦拭後，再用清潔劑噴在表面擦拭直到汙漬消失為止。另外，要排定酒吧硬體設備與家具的定期保養計畫，確實執行保養方能延長家具設備的使用率，也可維持環境潔淨舒適感。

(二)打開必要之電源

將酒吧總電源開啟後再逐次開啟各設備開關，使機體先進行預熱作業可延長機體的使用年限。

(三)擦拭酒架上展示酒瓶

酒吧內的酒架所展示的酒瓶多半作為裝飾之用，擺設以美觀大方且具有吸引效果為原則。通常會依據價格、類別來區分；價格較高或特殊造型的酒瓶通常擺設於高處或顯眼處，以吸引顧客的點選率，並且藉以塑造酒吧的水準。每日營業前要確實擦拭每一瓶展示的酒瓶，避免蒙上灰塵影響外觀。

(四)檢視各種設備運作是否正常

在營業之前要仔細檢查各項電器用品，包含燈光、空調、音響設備、收銀機、營業設備（製冰機、咖啡機、冰砂機等）；另外也需要注意客人座椅或桌面是否有損壞之處，在營業前馬上通報請修以避免現場無法營運之窘境。

(五)清理冰箱與吧檯

1. 檢查冰箱內飲料或生鮮、乳製品製造日期，並依照製造日期依序排列，日期較近者排放於前方以便於使用。
2. 使用濕布加上少許清潔劑先擦拭冰箱內罐裝飲料底部以及冰箱內外層後，再以清潔的濕布擦拭乾淨。原則上每三天必須徹底清潔冰箱，並且避免冰箱內囤積過多的食材或物料，這樣會降低冰箱的冷藏效能。

(六)檢視物品存量是否充足

依據酒吧存貨標準數量領取所需的酒水庫存標準，確實盤點檢查酒吧內吧檯區之物料與食材數量（酒水、生鮮水果、杯墊、吸管等），以及營業所需之耗材（紙巾、Order單、蠟燭等）數量。

(七)領貨

1. 每日依據酒水物料庫存標準盤點後，不足的數量填寫「酒水／物料領貨單」，送交酒吧經理簽名後至倉庫領回。
2. 於倉庫領取物料時要清點與核對領貨單的名稱與數量，核對無誤後在領貨單收貨人（領料人）欄位上簽名。

(八)準備營業用之備品

領回來的酒水與物料依不同屬性分類存放，補充酒水時一定要遵循「先進先出」的原則，避免酒水存放過期而造成成本浪費。

1.冰塊：確認製冰機運作狀況，將製冰機冰塊取出後放入調酒工作檯面的冰塊儲存盒中，以方便營業時可以快速操作使用。

2.水果裝飾物：先完成酒吧調製中經常使用的杯飾物切雕工作，如檸檬角、櫻桃（先洗淨外圍糖漿）、兔耳、檸檬皮等分類盛裝，上方用濕紙巾或是保鮮膜封住可防止水果水分蒸發。唯蘋果與香蕉因易於氧化，不建議在營業前切雕存放。

3.配料準備：雞尾酒調製中常使用到的鹽、糖、荳蔻粉等調味配料應先放於工作檯操作區，另外調製時會使用到的果汁也應先開罐後裝入玻璃容器內置入冰箱冷藏，如需新鮮水果汁也要在

檢查酒杯是否乾淨無汙漬

營業前先完成榨汁工作。

4.酒水準備：將六大基酒放置於快速酒架中，檢查酒嘴與瓶口是否緊密。調製時常用的碳酸飲料也需確認是否分類放置於層架上。

5.消耗材料準備：確認吧檯杯墊、吸管、調酒棒等是否已補充完畢並放置於調酒工作檯面上。

6.酒杯清潔：再次檢查酒杯是否乾淨無汙漬，如有汙損則需馬上洗淨後放回杯籃區。

二、營業中執行工作

(一)帶位

1.顧客進入酒吧時要主動向前問候並面帶微笑。

2.以左手或右手四指併攏自然張開手心朝向客人的手勢指引客人方向。

3.帶位時必須在顧客前方約1～2步的位置以手勢指引，行進間要隨時注意客人是否有跟上。

4.指引至座位後，要詢問客人對於所安排的桌位之滿意度。

(二)調製飲料

1.調酒員依據現場服務人員所開立的Order單開始製作飲料。

2.如兩桌客人點選相同飲料時，應共同調製以縮短逐杯調製的時間。

3.若遇調製作業較複雜的項目時，應先告知客人等待的時間，降

低客人抱怨機率。

4.調製完成的飲料應要通知現場服務人員儘速送至顧客桌上，以免放置過久溫度升高或降低而影響外觀與口感。

(三)服務飲料

應將調製完成的飲料儘速送到顧客桌上，依據各種飲料的服務原則提供完整與專業的服務。

(四)清理現場

1.經常維持酒吧內外環境的清潔。

2.隨時檢查現場客人的桌面，將多餘的空杯收回吧檯。

3.客人用過的菸灰缸要經常更換，原則上以兩根菸蒂為標準。更換方式是以乾淨的菸灰缸蓋住需更換的菸灰缸後收回托盤上，防止菸灰飛出。再將乾淨的菸灰缸擺放於客人桌面上。

4.客人離席後清潔桌面，將玻璃與瓷器分類歸納後再以托盤運回吧檯清洗。

5.一次使用性的消耗品（吸管、杯墊、劍叉）扔至一般垃圾桶；裝飾物則要扔至廚餘垃圾桶。

(五)維持氣氛

酒吧內如有特殊慶典活動，服務人員必須能夠帶動場內的活動氣氛。另外，在平常服務時也要保持開朗活潑的心情，維持酒吧輕鬆愉快的氣氛。

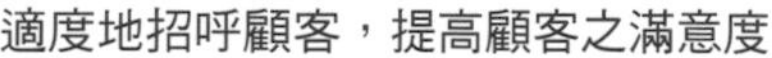

適度地招呼顧客，提高顧客之滿意度

(六)適度地招呼顧客

適度地詢問顧客的需求與滿意度，並給予協助。切莫不停地給予服務而造成顧客壓力。

(七)結帳作業

結帳一般流程為：

1.客人要求結帳。

2.調酒員或服務人員檢查帳單並列印明細表。

3.服務人員與顧客確認帳單項目。

4.確定無誤後收取現金、信用卡或簽帳。

(1)現金

收得的現金要當場清點，並向顧客確認後拿至收銀處辦理結帳流程，並將找回的零錢和發票放置於現金盤上送回給客人。

(2)信用卡

- 應先主動提供信用卡優惠折扣訊息。
- 收取客人信用卡後至收銀處辦理結帳流程。
- 將信用卡簽核單夾於帳夾本，收執聯與發票則一起放置於帳夾本夾層後送給顧客簽名。
- 對照信用卡背後簽名處與簽核單的簽名是否相吻合。
- 確認無誤後將簽核單收回，遞送給客人信用卡收執聯和發票。

(3)簽帳

- 此種結帳方式僅限於飯店住宿顧客使用。
- 應先詢問顧客姓名與房間號碼後至飯店系統查詢。
- 確認無誤後列印房客簽帳單並遞送給客人簽名。
- 簽帳單一定要有完整的房間號碼與房客完整的正楷簽名。

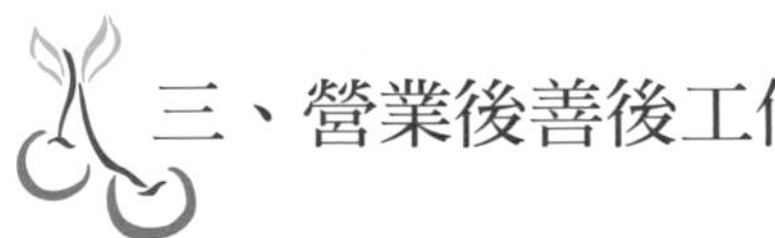

三、營業後善後工作

(一)清洗杯皿

1.清洗時，先將客人桌面上使用過的或是待清潔的酒杯集中放置。

2.洗滌流程應依循分類→洗滌→瀝水→擦拭→歸位的流程，可以降低破損率。

3.清潔刷洗酒杯時，先刷洗杯子內側後再刷洗外側。

(二)清理酒吧內各處

1.營業結束時要等待客人全部離場後才能夠開始進行環境整理，切勿在客人身旁執行掃地、吸塵等清潔工作。

2.檢視吧檯生鮮物料是否有剩餘，並將未使用完的水果儲放在保鮮盒內置入冰箱冷藏，果汁或其他裝飾物則需倒入玻璃容器或收納罐才可放入冰箱，避免將鐵鋁罐直接冷藏。

3.調製時酒瓶瓶口殘留下的酒體或是糖漿會讓酒瓶黏滑難操作，也易滋生螞蟻。在打烊時將快速酒架與酒水調製區的酒瓶與糖漿瓶口使用濕布擦拭後再歸位。

4.完成酒吧工作檯、水槽與地板之清潔工作，並確實分類垃圾。

(三)填寫酒帳

將當天營運的點酒單蒐集核對，記錄所銷售的酒水數目與酒吧庫存酒水正確數字，此項工作要相當細心，尤其針對單價較高之酒水一定要精確到位。

(四)填寫工作日誌

1.工作日誌主要提供上級主管瞭解與掌握酒吧的營運狀況與服務情形。

2.列印出營業報表後與點酒單核對，進行工作日誌填寫流程。

3.將報表中營業額、來客數、平均消費填入工作日誌內。

4.當日營運的特殊事件或客訴抱怨也應完整記載。

(五)填寫交接本

1.酒吧與餐廳的人員服務多採輪班制，因此多設有交接本以方便傳達與交接各廳之業務工作。

2.交接本內容常見於交接班的業務交辦、待處理事件、客訴抱怨等，完整的交接才能縮小傳達與執行的缺口，也可以提升有效的工作環境。

(六)關閉不必要之電源

將各營業機器依照標準流程依序關閉，唯冰箱、製冰機、酒櫃等冷藏設備不可關閉電源。

CHAPTER

5

酒單設計與行銷

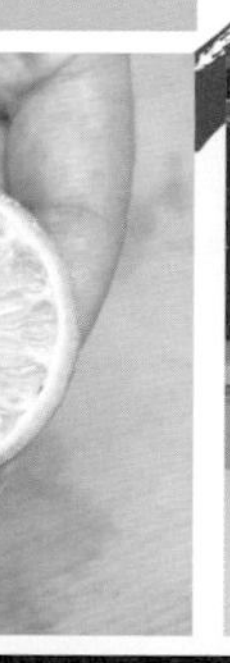

一、飲料之涵義

二、飲料單與酒單的分類

三、酒單與酒吧的關係

四、酒單製作原則

五、常用的行銷工具

六、菜單促銷活動

一、飲料之涵義

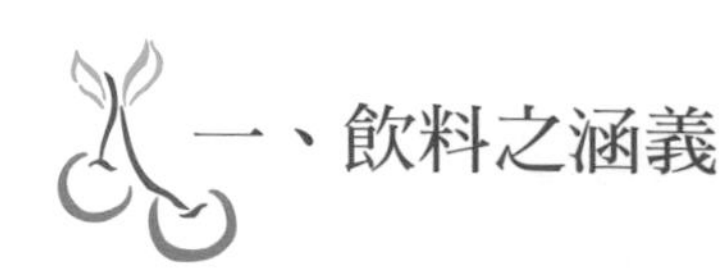

餐廳所銷售的商品內，相較於食材的成本部分，飲料可稱為是低成本的品項，對於餐廳的獲利率來說的確是不可忽視的一環。一份理想的飲料單與酒單不僅可以展現出餐廳的風格來增進顧客用餐的氣氛，更可以提升餐廳的營收。飲料單不僅是餐廳增加營業收入的重要手段，更是菜單銷售的輔助工具。因此，餐飲管理人員應充分掌握酒水知識，做好飲料單的設計與規劃。我們可以將飲料定義如下：

1.飲料是指可以喝的東西。
2.飲料單的英文稱為Beverage List。
3.飲料（Beverage）和餐食（Food）放在一起，便是所謂的餐飲F&B（Food & Beverage）。
4.一般餐廳所販售的飲料，大致上可分為兩大類：
(1)現成的飲料。
(2)自行調配的飲料。

二、飲料單與酒單的分類

餐飲業者往往根據餐廳本身的性質、規模大小及客源數目，而提供各種不盡相同的飲料單。

(一)飲料單（Beverage List / Full Wine Menu）

消費能力較高的旅館及餐館會提供此類飲料單給顧客，因為這些顧客的用膳時間長且消費金額高。此種飲料單的特色是將所有飲品種

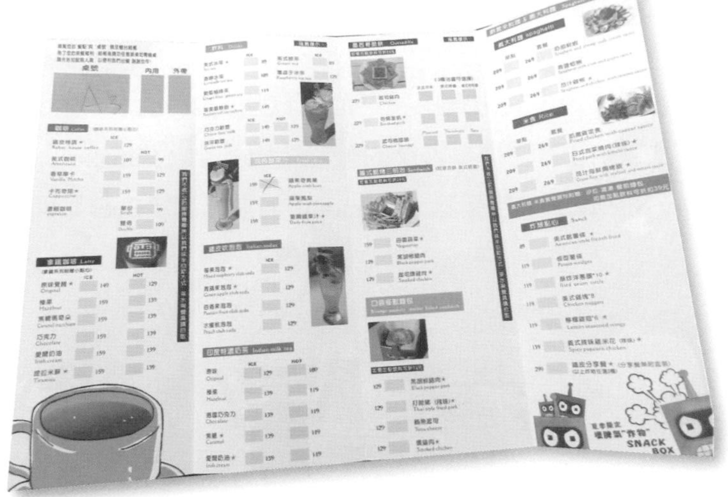

綜合型飲料單

類包含果汁類、碳酸飲料類、咖啡類、茶飲類、啤酒類、雞尾酒類、烈酒類以及葡萄酒類等，彙製成一本小冊了。

雞尾酒單

(二)雞尾酒單（Cocktail List）

多數的雞尾酒單可以包括不含酒精的雞尾酒（Mocktail）和含有酒精的雞尾酒（Cocktail），另外還會列出特製或獨創設計的雞尾酒款。

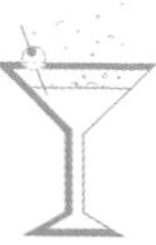

(三)餐前酒酒單（Aperitif List）

在顧客入座後，尚未食用餐點前所飲用的餐前酒，通常由服務員將此酒單遞送給顧客選擇。常見的有：金巴利酒（Campari）、不甜雪莉酒（Dry Sherry）、苦艾酒（Vermouth）、啤酒（Beer）等作為開味酒。

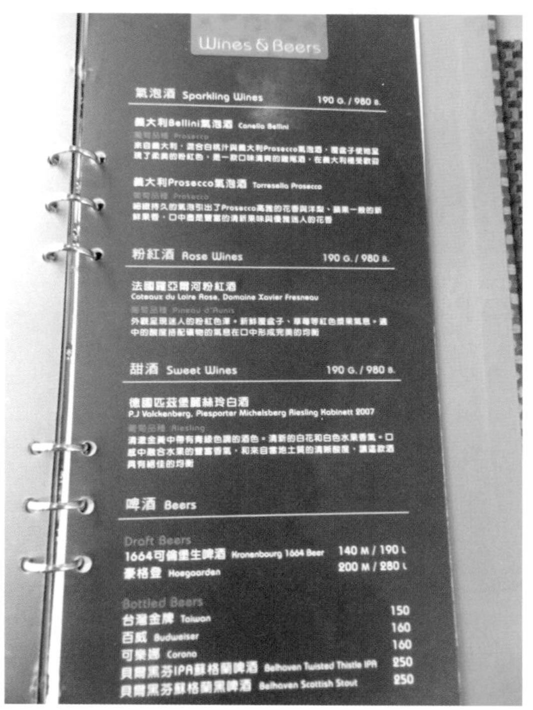

餐前酒酒單

(四)餐後酒酒單（After-Dinner Drinks List）

在顧客享用完餐食後，由服務員遞送給顧客選擇。通常以白蘭地（Brandy）、甜白酒（Dessert Wine）、波特酒（Port）為主。

(五)葡萄酒酒單（Wine List）

完整的葡萄酒酒單應會從餐前酒、佐餐酒、餐後酒等都一一提供。如能在餐廳提供世界各地著名的葡萄酒，更能滿足此類愛好者的需求。

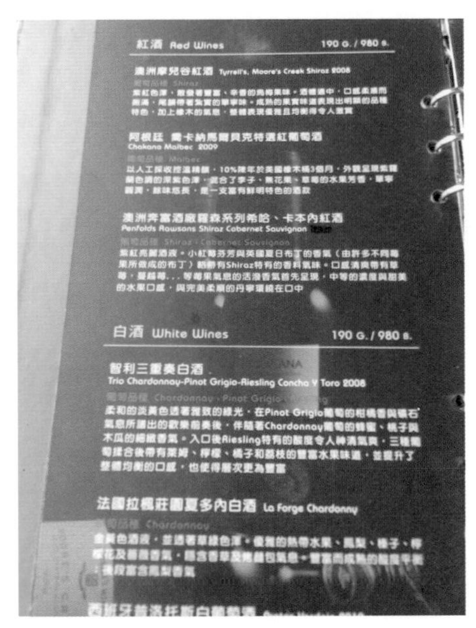

葡萄酒酒單

(六)時令酒單（Seasonal Drink List）

配合時令季節、節慶或特殊活動，另行推出的促銷商品。

(七)宴會酒單（Banquet / Function Menu）

宴會酒單是指在各種不同的宴席場合中，餐廳提供給客人觀賞的飲料單。

1.宴會型態不同，餐廳提供的飲料單項目也會不同。

2.國內宴席上最常見的有紹興酒、啤酒、汽水和果汁等。

(八)限制酒單（Restricted Wine Menu）

餐廳在飲料單上只列出部分項目供客人點用，而未將所有飲料內容詳細標示。

1.在中價位的餐廳可提供限制酒單。

2.餐廳只列出幾種較常見的名牌酒。

3.飲料可以酒杯或玻璃瓶為單位來收費。

4.酒單的設計與製作必須仰賴專業人士。

5.酒類飲料是餐廳增加營業收入的重要手段。

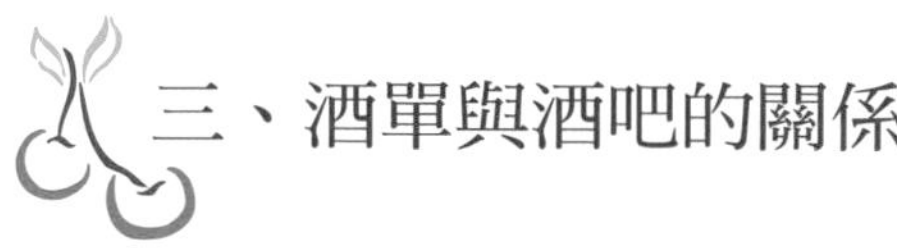

三、酒單與酒吧的關係

酒單是酒吧產品銷售種類和價格的一覽表，會直接影響酒吧服務的經營成效，其具體作用有下列九項：

(一)是主要促銷的手段

一份精心編製的酒單，能使顧客感到心情舒暢，賞心悅目，並能讓顧客體會餐廳的用心經營，促使顧客欣然解囊，樂於多點幾款飲料；而且可以利用酒單內容引導顧客嘗試高利潤飲品，以增加酒吧的收入。酒單上不僅有文字與豐富的色彩圖例，更融合充滿藝術的外觀的設計，吸引消費者的食慾和影響對於產品的選擇，能夠促進高利潤的銷售，吸引顧客再次光臨。

一份設計精美的酒單，能帶給顧客更美好的消費體驗

(二)既是藝術品又是宣傳品

酒單或飲料單無疑是酒吧主要的廣告宣傳品，一份製作精美的酒單不但可以提高用餐氣氛，更能反映酒吧的格調，使客人對酒單內所列的飲品留下深刻印象。有的酒單甚至可以視為一種藝術品，讓人欣賞並留作紀念，帶給客人美好的消費體驗。

(三)反映酒吧的經營方針

酒吧工作包羅萬象，主要有原料的採購、飲料製作以及餐廳服務，這些工作內容都是以酒單為依據。因此，酒單必須根據酒吧經營方針的要求來設計，才能實現營運目標。

(四)促進餐飲成本及銷售之控制

酒單是管理人員分析酒吧飲品銷售狀況的基本資料。若大量使用價格昂貴的酒水物料將會增加企業本體的食材成本；著重於雕刻裝飾的策略也將會增加勞力成本，這些比例的分配將會直接影響到企業的盈利能力。因此管理人員要定期檢視與酒單相關的各種問題，進而協助酒吧更換酒單種類，改良生產計畫、調製技術、飲品的促銷方式和定價方法。

(五)是消費者與接待者之間的溝通橋樑

消費者透過酒單來選購自己所喜愛的飲品，而接待人員透過酒單來推薦酒吧的飲品特色，兩方之間藉由酒單開始交談，使得訊息可以交流，形成良好的雙向溝通模式。

(六)象徵酒吧飲品的經營特色和等級水準

每個酒吧都有自己的經營特色和等級水準。酒單的項目、種類、價格及質量等均能顯現企業的特色和水準，以留給客人良好和深刻的印象。

(七)酒吧採購酒水材料種類、數量、方式之依據

酒水材料的採購和儲藏是酒吧經營活動的必要環節，它們受到酒單內容和酒單類型的支配和影響。所以酒吧經營者必須根據酒單來決定食品材料與酒水採購的種類和數量之多寡。如以推出固定飲品的酒吧而言，企業所需要的品項種類和規格也應固定不變，這樣可以使得企業在採購方法、存藏標準以及溫度控管的流程中保持穩定的品質。

(八)餐廳服務人員為顧客提供各項服務的準則

酒單決定了酒吧服務的方式和方法，服務人員必須根據酒單的內容及種類，提供各項標準的服務程序，才能讓客人得到視覺、味覺、嗅覺、胃覺上的滿足。另外，酒單亦能決定服務人員的組織架構和服務人數，越是講究精緻小巧的品項，因需要提供的服務越細微所以需求的服務員人數越多，組織架構脈絡也就更複雜。

(九)成為研究食品質量的資料，並可依據賓客喜好將內容作適當的修正

酒吧經營者可以根據客人點單的情況，瞭解客人的口味以及客人對酒吧飲品的歡迎程度，作為改進的依據。

四、酒單製作原則

(一)品質優越、創意領先

加強酒單內容的新鮮（Fresh）、奇特（Peculiar）、異質（Different）、稀奇（Unusual）及安全（Safe）。

◆新鮮

1.食物材料與酒水保存狀況和新鮮程度是否符合規定。

2.注意食品的安全存量，若有不足，即時予以補充。

◆奇特

1.對於飲品的品質與數量詳加控制。

2.製作特殊的飲品，以滿足各種類型消費者的需要。

◆異質

1.提供與眾不同的口味。

2.採用特殊性酒單，以豐富酒單內容。

◆稀奇

1.研發獨一無二的雞尾酒或招牌飲料。

2.根據市場趨勢與潮流，作適當的調整。

◆安全

1.食品是否可以安心食用。

2.確保產品的可食性，是否達到衛生安全之標準。

(二)專精的技藝、價格合理

強調產品的有效性（Product Availability）、產品的適合性（Product Suitability）及產品的多樣性（Product Variety）。

◆產品的有效性

1.食品原料有無季節性。

2.食品原料是國產貨或需仰賴進口。

◆產品的適合性

1.產品是否廣被消費者接受。

2.產品是否合乎當地的風俗習慣。

◆產品的多樣性

1.酒單是否獨特有變化。

2.食品飲料有無替代品。

(三)行銷高明、供需均衡

注重產品的可售性（Product Salability）、產品的有利性（Product Profitability）及產品的均衡性（Product Balance）。

◆產品的可售性

1.酒單是否易於銷售。

2.食品是否有足夠的行銷管道。

◆產品的有利性

1.產品銷售對業者而言，是否有利可圖。

2.是否能滿足市場的需求與利益。

◆產品的均衡性

1.產品是否能滿足消費者的營養需求。

2.供給者與需求者之間，是否能達到平衡。

(四)重視員工、強調專業

考量員工的製作能力（Staff Capacity）：

1.員工的工作技巧及效率會影響酒水的供應。

2.應給予員工充足的工作時間來完成各式飲品。

3.訓練有素且技術優良的專業人員，才能確保食物品質。

(五)服務顧客、掌握市場

根據餐廳的種類（Type of Restaurant）、服務的型式（Service Style）及顧客的需要（Customer Needs）來製作酒單。

◆餐廳的種類

餐廳種類對酒單製作造成莫大的影響。

◆服務的型式

1.服務方式因地置宜。

2.服務方式直接影響飲品結構。

3.不同的飲品項目會有不同的服務方式。

◆顧客的需要

1.每個人對食品各有其不同的喜好。

2.經由調查及統計方法，可瞭解顧客的飲食趨勢。

3.研究顧客的屬性有助於開發潛在的餐飲市場。

4.熟讀鄰近酒吧的酒單，亦是瞭解顧客需求的方法之一。

不論是研擬一份新的菜單，或是修正舊有的菜單，若能充分掌握一些重要的原則，就算是成功了一半。所以，我們要對菜單的三「S」、菜單的形成步驟及製作原則加以分析考慮，才能規劃出獲利最大、行銷最強的菜單。

(六)菜單的三「S」

菜單的三「S」分別是簡單化（Simple）、標準化（Standard）及特殊化（Special）。

1.簡單化：酒單項目清晰明確，一目瞭然。

2.標準化：飲品的內容和分量維持一定的標準。

3.特殊化：酒單外觀的設計和配置必須具有獨特風格，才能引人入勝。

五、常用的行銷工具

(一)印刷宣傳品

◆推銷性酒單

推銷性的酒單是針對某種推銷需要和場合所編製的酒單，可依據不同的場合、季節和活動，並精選一些飲品編製不同的推銷性酒單。

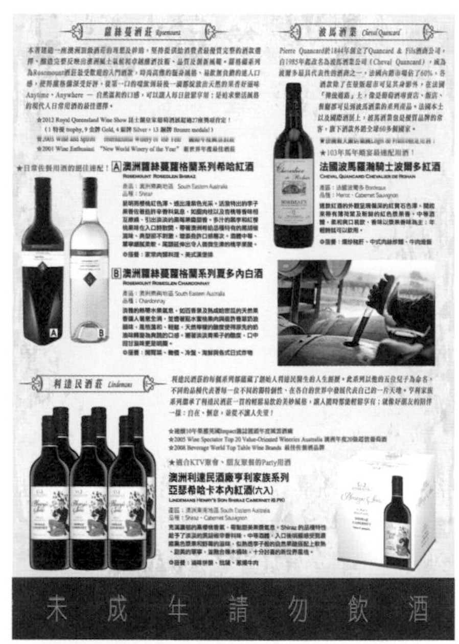

精選特定酒類編製而成的單頁酒單DM

◆酒單推銷品

推銷酒單的印刷品可印成各種形式，常用的有：

1.單頁宣傳品：單頁宣傳品可選擇不同質地的紙張，並製成長形、扇形、方形等不同形狀。
2.摺疊式宣傳品：摺疊式宣傳品有兩摺或多摺的方式，也可摺疊成有趣的造型來吸引顧客。
3.桌上直立式宣傳品：餐桌上的直立式宣傳品最能夠直接的對用餐客人進行促銷，可採用厚紙板製作或使用透明L形的壓克力架讓其能夠穩固的站立於桌面上；這種形式的宣傳品能夠長期保持整潔又便於更換，可以節省成本，被越來越多的酒吧所採用。

(二)告示牌行銷

◆告示牌設計原則

告示牌是酒吧行銷十分重要的推銷工具，通常告示牌設計時要掌握下列幾個原則：

1.大而醒目。
2.燈光照明。
3.交通要道。

◆告示牌種類

常用的告示牌有以下幾種：

1.直立式告示牌：直立式告示牌通常陳列在大廳、門廳或電梯前

方。多半以豎立長方型、橫列長方型、長圓形或四面立體的型態呈現，有些企業甚至還會製作成人物或動物的造型增加趣味性來加深顧客的印象。

2.霓虹燈告示牌：霓虹燈告示牌一般設在酒吧門口，到了夜晚因燈光的設計讓告示牌更為顯眼，並且營造出熱鬧與愉快的氣氛。通常此類型的告示牌無法刊登過多的訊息，所以一定要與其他的告示牌搭配使用。

3.壁式告示牌：壁式告示牌是掛在牆上的招牌，招牌的尺寸要大並且顏色儘量避免與牆面相同，並與周圍環境相協調為宜。

4.懸吊式告示牌：懸吊式告示牌通常掛於酒吧門口與往來通道上，一般都會雙面印上促銷訊息，但文字內容儘量簡化，促銷的商品選擇單一主打商品為佳。

◆告示牌的行銷功能

1.創造形象。

2.廣告企業特色。

3.廣告新產品。

4.廣告價格與優惠。

(三)圖片展示行銷

圖片展示對於色彩豐富的餐飲產品而言更有顯著的行銷效果，飲品的彩色照片展示勝過於長篇幅的文字報導。因而目前許多的酒單設計都會採用圖片展示，讓顧客用圖片來點菜也可以節省點菜時間。

酒單的行銷具有一定的時間性，為了能夠在這短促的時間內充分推廣，常會借助許多的媒介來達成目標，常見的行銷媒介有：

◆報刊資料

許多的酒吧因為經營成本的考量而沒有能力進行全國性的廣告宣傳，因而會藉由地方性的報紙來刊登酒吧資訊或是活動促銷訊息，建議儘量刊登彩色圖片較能夠加強閱報者的視覺效應，並且搭配價格優惠券等，將會達到更好的效果。

◆報社

報社的選擇儘量以當地區域較普及並且訂閱量較大的為主。通常刊登的版面大小、版次、彩色／黑白、外報頭或報頭下的價格皆有不同。

◆雜誌

可與當前具有指標性的美食雜誌配合刊登，通常封面的價格最高，其次為封底、封面裡及封底裡。利用雜誌的渲染力達到宣傳的目的。

◆發送傳單

街頭發送傳單是最常見的一種行銷媒介手法，散發傳單時可以鎖定公司行號、機關單位服務處或是住宅區的信箱來發放，可以縮減許多時間。但往往許多路人不願意接受傳單的原因有：

1.缺少特色：儘量避免密密麻麻的文字敘述，以趣味設計並且能夠快速瞭解行銷的目標為宜，並需要標示清楚店名、地址、電話與行銷內容。

2.缺乏保存收藏的價值：若一張傳單沒有任何具有保存價值的部分，往往只會被接受者所捨棄。所以可以在傳單上多設計一些有趣的遊戲，如兌換券、折價券、捷運路線圖等，更能夠增加

一些價值感。

◆信函廣告

通常使用信函廣告多是鎖定企業的潛在目標，將企業新的訊息藉由信函式的模式來傳達並可以達到互相溝通的目的。不過使用信函式的方法通常是成本較高的媒介，除非是特定活動，否則通常不會被使用為經常性的媒介。常見的信函廣告場合有：

1.酒吧新開張。
2.特殊的行銷活動。
3.新產品發表。
4.慶祝、問候與致謝。

(五)交通廣告

利用交通工具地域性之優勢，在餐廳附近可選用交通廣告的方式來進行宣傳，常見的有：

◆車廂廣告

在大眾交通工具的車廂內外部張貼宣傳海報，提升曝光機率而且效果佳。

◆車外廣告

在搭乘交通工具的車站（機場）、候車（機）室都可以是非常優量的宣傳環境，還可以運用機車的置物箱、汽車外部等皆可作為廣告宣傳的重點項目。

(六)記者會、廣告與廣播

◆記者會

利用記者會的活動可以將新品完整的呈現，並且可以藉由記者會來推廣酒吧的特色，達到更高的效益。

◆廣告與廣播

廣告與廣播的運用必須結合企業的廣告策略以及廣告的創意才能擁有獨特的廣告效益，所以廣告與廣播堪稱廣告的四大天王（電視、廣告、報紙、雜誌）。但此種媒介的成本較高，通常以秒數來計費。這麼高昂的宣傳費用並非企業本體所能負擔。

(七)網路廣告

網路廣告已經成為現在餐廳與飯店相當重要的曝光媒介，結合網路商店與社群網站，可以提供快速、即時性以及低成本的產品行銷曝光率。尤其現今全球風靡的Facebook更是一個絕佳的資訊曝光平台。

六、酒單促銷活動

為配合飲品的促銷，大都會舉辦各式各樣的行銷活動，常見的有：

1.演出型：為顧客用餐助興最常用的就是文藝演出，以爵士音樂、鋼琴演奏、民歌演唱、舞蹈表演等來營造完美的氣氛。

2.娛樂型：為活絡客人並打造歡樂的氣氛，以抽獎、魔術表演、

猜謎等遊戲在客人消費中穿插演出。

3.參與型：提供卡拉OK的裝置，讓用餐者可以免費點歌演唱，提高了賓客的參與度。

4.贈品促銷型：以贈送禮品的方式來達到推銷的目的是目前許多企業運用的活動模式，但是在選擇禮品時必須要依據收禮者的身分地位或需求來設計，禮品的品質也必須要能夠符合酒吧的形象，切勿隨便贈送與酒吧無關的贈品，這樣只會大打折扣。如有間Lounge酒吧推出週年慶，凡是點選套餐的客人就可以抽獎，但獎項都是橡皮擦、立可白、筆記本，這樣的獎品設計就無法與酒吧的形象連結。

5.新聞性：舉辦的活動儘量具有新聞價值，最好能引起新聞界注意和興趣。

6.好奇性：推銷活動要以「奇特」來取勝，更可藉以打響知名度達到行銷的目的。

Notes

CHAPTER

6

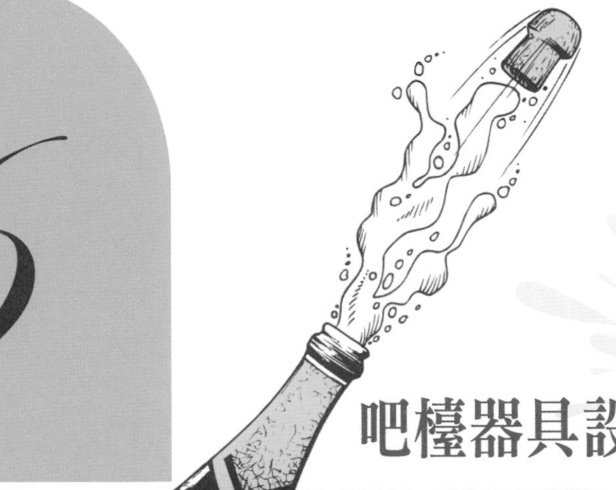

吧檯器具設備介紹

一、吧檯結構

二、吧檯器皿介紹

三、吧檯材料介紹

一、吧檯結構

吧檯是酒吧向客人提供酒水及其他服務的工作區，是酒吧的核心部分。通常由吧檯（前吧）、後吧以及操作台（中心吧）三部分組成。吧檯高度按照西方標準應為106～117公分（42～46英寸），但應隨調酒師的平均身高而定。正確的計算方式為：

吧檯高度＝調酒師平均身高×0.618

吧檯寬度大約為41～46公分

另外應外延一部分，即顧客坐在吧檯前時放置手臂的地方，外加20公分左右。厚度大約為4～5公分，外沿常以厚實人造大理石或銅管裝飾。操作台多以不鏽鋼製造以便清洗消毒。操作台通常包括：三格洗滌槽（清洗、沖洗、消毒的功能）、自動洗杯機、水槽、儲冰槽、酒瓶架、杯架、飲料或啤酒或蘇打水配出器等。

後吧檯高度通常為175公分以上，但頂部不可高於調酒師伸手可及處。後吧上層的廚櫃通常陳列酒具、酒杯及各種瓶裝酒。下層多為存放葡萄酒及其他酒吧用品，通常於吧檯層板下裝設冷藏櫃，作為冷藏白葡萄酒、啤酒以及各種水果原料之用。

前後吧檯間的距離以1公尺最適合，且通道中間儘量不要設計突出的櫃體或設備，以免阻礙操作動線。

二、吧檯器皿介紹

(一)吧檯營業設備

冷藏櫃

容積／尺寸：150～180×70×85cm

說明：可視吧檯使用需求，安置在操作台下方或後吧檯下層。可分別儲存酒品、碳酸飲料、果汁、生鮮食材等。冰箱的使用溫度應控制在攝氏4～7度為宜

葡萄酒櫃

容積／尺寸：129×63×180cm

說明：有大小不一的尺寸，可保持恆溫恆濕，讓葡萄酒得以保存多年不變

製冰機

容積／尺寸：多種規格

說明：有空冷式與水冷式兩種型態

水槽

容積／尺寸：多種規格

說明：一般分為洗手槽以及洗杯槽兩種。洗杯槽以三槽最合乎規定（清洗→沖洗→消毒清洗）

半自動義式咖啡機

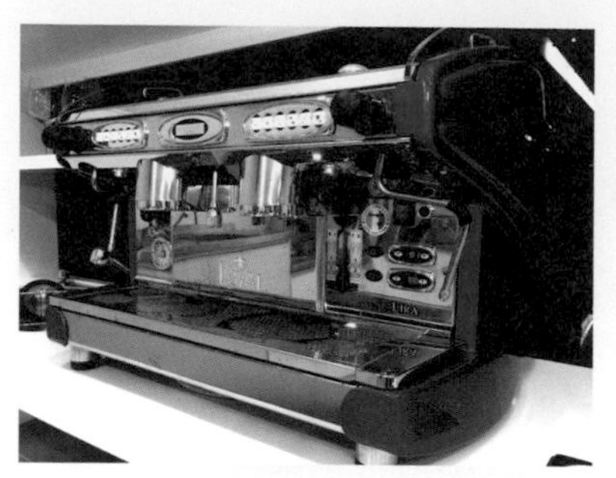

容積／尺寸：多種規格

說明：利用內建熱水及氣壓鍋爐讓熱水通過咖啡粉來萃取義式咖啡。右方管狀的為蒸氣棒，可將鮮奶打發製作成綿密奶泡

美式咖啡機

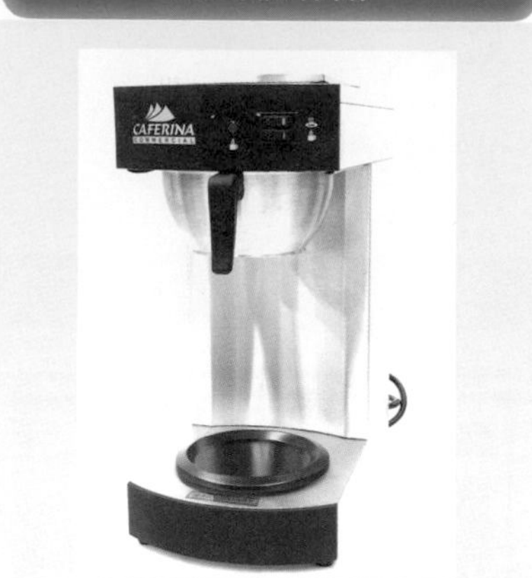

容積／尺寸：12杯量

說明：利用內建熱水沖向咖啡粉濾泡出來的咖啡，機台上方附有保溫座來放置咖啡壺

磨豆機

容積／尺寸：多種規格

說明：可依個人喜好來調整研磨粗細度

咖啡蒸煮器具

容積／尺寸：1、3、5杯的分量

說明：虹吸式咖啡壺主要包含了玻璃製的過濾壺、蒸餾壺以及酒精燈等配件

果汁機

容積／尺寸：1,000～1,300cc.

說明：有塑膠以及不鏽鋼的材質。使用時應以低速旋轉，通過2～3秒後再改用高速轉動

冰砂調理機

容積／尺寸：2.7HP

說明：選擇刀片與馬力轉速足夠者，以高速攪拌方式將飲品與冰塊攪拌均勻

(二)杯子規格

威士忌酒杯 Whisky Glass

容量：30～60ml

說明：意指純飲單杯威士忌時所使用的酒杯

利口酒杯 Shot Glass

容量：30ml

說明：又稱純飲杯，純飲烈酒時用的酒杯。著名的有B-52轟炸機

香甜酒杯 Liqueur Glass

容量：30～60ml

說明：純飲香甜酒時使用，目前為著名的彩虹酒、天使之吻的專用杯

雪莉酒杯 Sherry Glass

容量：75～90ml

說明：外型類似香甜酒杯，杯壁似U字型，是飲用雪莉酒和波特酒時所用的酒杯

酸酒杯 Sour Glass

容量：120～150ml

說明：適用於各式帶有酸味的雞尾酒使用

白蘭地杯 Brandy Glass

容量：180～300ml

說明：又稱為Snifter（品香杯）。短粗圓形，杯口部向內收攏的氣球狀大酒杯。是為純飲白蘭地時使用，因其杯口內縮的設計，可防止香味向外揮發，搭配矮杯腳的設計，可利用手掌握杯的溫度提升酒體香氣

馬丁尼杯 Martini

容量：60～90ml

說明：狀似雞尾酒杯，但其容積較小。適用於知名酒款馬丁尼、吉普生

雞尾酒杯 Cocktail Glass

容量：100～120ml

說明：呈現倒三角形的高腳玻璃杯或茶碗圓弧型的高腳玻璃杯，使用於短時間飲用的酒款，因杯體容積較小，調製過程需要冰杯處理

瑪格莉特 Margarita

容量：250～270ml

說明：主要用於經典酒款「瑪格莉特」，口徑較大、杯深較淺

紅酒杯 Red Wine

容量：200～250ml

說明：喝紅葡萄酒時使用，飲用時可逆時針轉動杯中酒體，使其與空氣接觸增加口感

白酒杯 White Wine

容量：180～240ml

說明：飲用白酒或冰酒時使用，因白酒有強烈的適飲溫度限制，杯子容量通常比紅酒杯小，來保持杯中酒體的溫度

愛爾蘭咖啡杯 Irish Coffee Glass

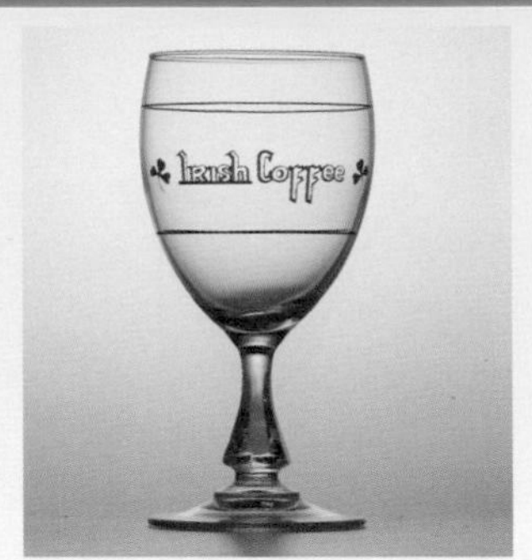

容量：240ml

說明：飲用愛爾蘭咖啡杯的特定容器，特製的耐熱玻璃杯，可用火燃燒。下方標線（30ml）處加入威士忌，中間標示線（180ml）則是香醇的咖啡，最上方標示線（240ml）則為泡沫鮮奶油裝飾區

長笛香檳杯 Champagne Flute

容量：180ml

說明：適用於飲用香檳、發泡性葡萄酒或香檳雞尾酒，杯身成窄長型，容易保持氣泡故此款酒杯多於餐桌上使用，可從杯身欣賞由杯底升起的氣泡

古典酒杯 Old Fashioned

容量：180～300ml

說明：又可稱為Rock Glass。為大口徑的矮杯，可直接加入冰塊飲用，常用於冰鎮威士忌或雞尾酒時使用（On the rocks）

高飛球杯 Hi-Ball Glass

容量：240～300ml

說明：為杯口口徑較大的瘦長型飲料杯，多被用於高杯飲料（Highball Drink），即是以烈酒加入碳酸飲料、水、果汁等需附有冰塊的飲料

可林杯 Collins Glass

容量：300～360ml

說明：一種圓桶狀的細長型酒杯，又稱為煙筒杯（Chimney Glass），一般在飲用以可林為名的雞尾酒或含有碳酸飲料時使用

水杯 Goblet/Water Glass

容量：250～300ml

說明：口徑較大的高腳水杯，也可取代果汁杯

啤酒杯 Mug

容量：500～1,000ml

說明：盛裝生啤酒時使用

咖啡杯組 Coffee Cup

容量：110～190ml

說明：多使用於單品咖啡，咖啡杯的花色與造型則有許多變化

拿鐵咖啡杯組 Latte Coffee Cup

容量：250～300ml

說明：主要提供拿鐵咖啡或卡布奇諾咖啡為主，杯口較寬可用以奶泡造型拉花之用

濃縮咖啡杯組 Espresso Cup

容量：80～100ml

說明：專屬義式濃縮咖啡使用

(三)操作器皿

調酒杯 Mixing Glass

容積/尺寸：500ml

說明：又稱吧檯杯（Bar Glass）、攪拌杯（Stir Glass），採用攪拌法來調製雞尾酒時所用的器皿

雪克杯 Shaker

容積/尺寸：250ml、350ml、530ml

說明：雪克杯多使用不繡鋼製，由杯蓋、濾杯器以及杯體三部分組成

沖茶器

容積/尺寸：2、4、6人份

說明：沖泡茶包、茶葉用

榨汁器 Squeezer

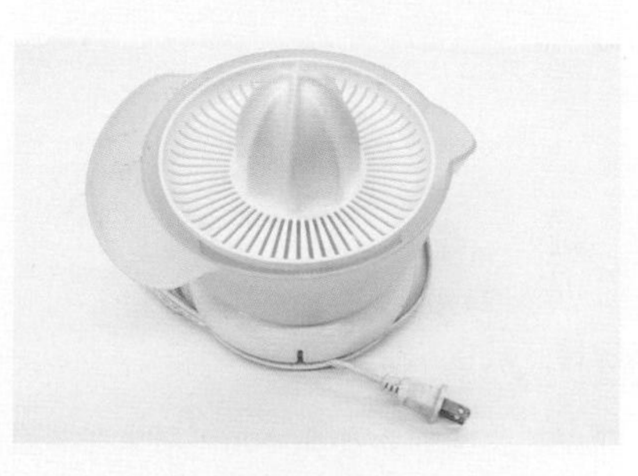

容積/材質：玻璃、塑膠及陶瓷等製

說明：有玻璃、塑膠及陶瓷等類型製品。要領是不能轉動水果或用力過猛，避免將無用的果皮油和果肉絞入果汁中

壓汁器

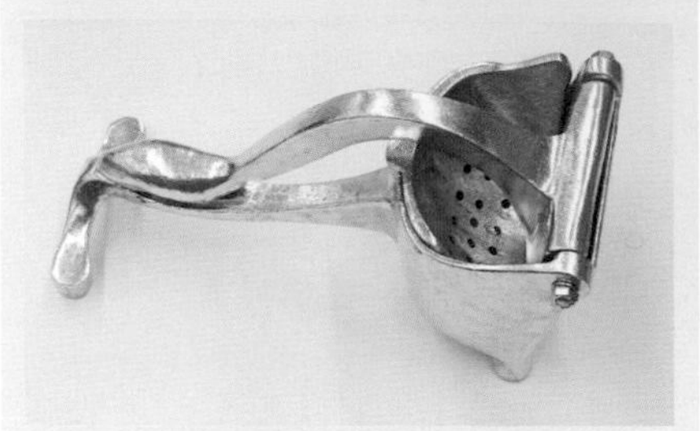

容積／材質：鋁製

說明：取用新鮮金桔汁使用，避免使用果皮帶有苦味的水果，以免破壞飲品口味

雪平鍋

容積／材質：鋁製、白鐵／單柄

說明：烹煮茶湯、加熱鮮奶或水果茶之用

吧叉匙 Bar Spoon

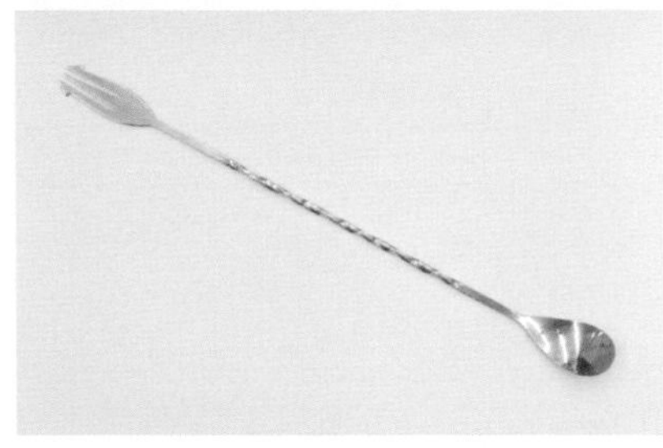

容積／尺寸：32.5cm

說明：又稱Mixing Spoon，用來攪拌混合使用的。吧叉匙是按照茶匙的大小而製成的，一端匙狀可用來搗碎配料，另一端螺旋叉狀可用來插櫻桃

咖啡量匙 Coffee Spoonful

容積／材質：15g／塑膠製

說明：主要是拿取咖啡粉時量測用

咖啡攪拌棒

容積／材質：木製

說明：扁平的木製攪拌棒，用於虹吸式咖啡機攪拌咖啡之用

隔冰器 Strainer

容積／材質： 不鏽鋼製

說明：圓形的過濾網，與刻度調酒杯搭配使用。從冰和雞尾酒的混合物中，單將雞尾酒過濾出來

量酒器 Jigger

容積／尺寸：15/30ml、30/45ml

說明：計量酒或果汁分量的金屬杯，使用時應把酒倒滿至量酒器的邊緣

咖啡沖架

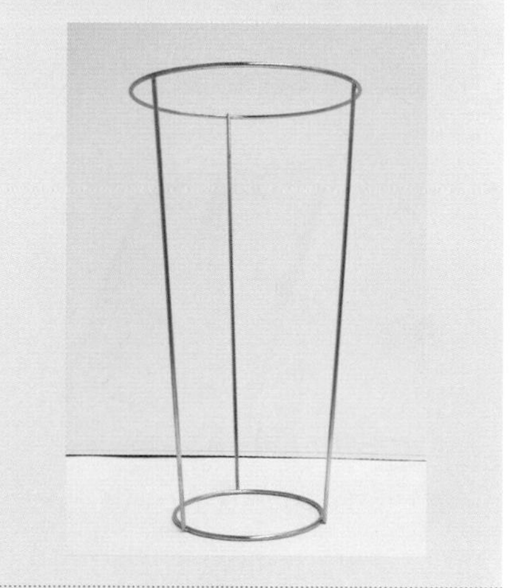

容積／尺寸：多種尺寸

說明：將研磨過的咖啡粉放入布袋中，再沖入熱水製作濾泡式的咖啡。適用於大量製作咖啡飲品之用

茶壺 Tea Pot

容積／尺寸：500ml

說明：壓克力製，亦可稱為可愛壺。一般桔茶或水果茶用此沖泡茶包

咖啡壺 Coffee Pot

容積／尺寸：1,000～1,200ml

說明：壓克力製，常見於美式咖啡機之用

長刀 Bar Knife

容積／尺寸：36～40cm

說明：主要用於切割大型水果之用，如西瓜、鳳梨等

雕刻刀 Carved Knife

容積／尺寸：21cm

說明：切割小型水果以及雕琢飲品的杯飾物之用

砧板 Carving Board

容積／尺寸：37×25cm

說明：有木質和塑膠材質兩種；但以塑膠材質為佳，使用完後一定要清洗乾淨，避免殘留異味影響成品

計時器 Timer Clock

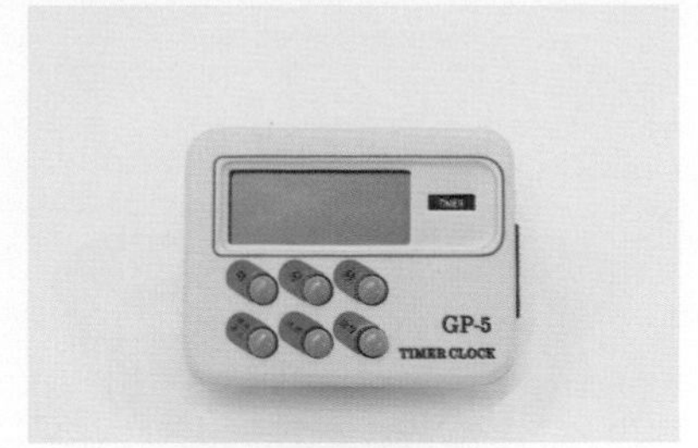

容積／尺寸：多款規格

說明：主要用於控制茶湯製作時間

溫度計 Thermometer

容積／尺寸：多款規格

說明：主要用於測量茶湯溫度

磅秤 Pound Scale

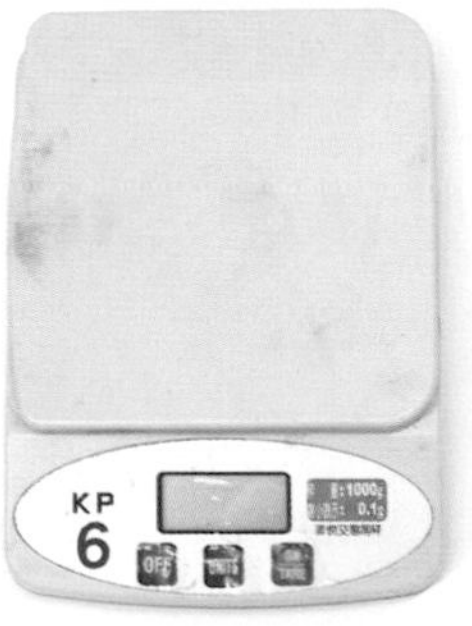

容積／尺寸：電子或一般秤皆可

說明：多用於秤量茶葉、咖啡沖煮的重量；另者為吧檯營運前將水果切割好秤量分裝，以利快速製作

拉花鋼杯

容積／尺寸：500～700ml

說明：鋼杯內盛裝鮮奶，再使用義式咖啡機蒸氣棒打發鮮奶

奶泡壺 Milk Pot

容積／尺寸：400～800ml

說明：使用手動方式於杯體內盛裝鮮奶，連續快速拉起上部軸桿，打出綿密奶泡

過濾網 Fine Strainer

容積／尺寸：多款規格／不鏽鋼、鐵網

說明：過濾果渣

濾茶器 Tea Strainer

容積／尺寸：不鏽鋼製

說明：將沖泡好的茶湯透過濾茶器沖入飲用杯中，來阻隔茶葉與茶湯

量杯 Graduate

容積／尺寸：500～1,000cc.

說明：針對沖泡茶湯調和甜味之需，量測標準分量

紅酒開瓶器 Corkscrew

容積／種類：酒刀式、蝴蝶式、電動式、氣壓式

說明：依據槓桿原理來開啟紅、白酒的瓶塞

香檳酒定塞器 Champagne Stopper

容積／種類：瓶蓋式、夾式

說明：也稱為「真空葡萄酒塞」

節流瓶嘴 Pourer

容積／尺寸：內徑§0.6～0.7cm；L10～12cm

說明：安裝在酒瓶口上，用來控制倒出的酒量。常見的有塑膠與不鏽鋼材質，分為慢速、中速和快速三種

開罐器 Can Opener

容積／尺寸：不鏽鋼製、多款規格

說明：開啟罐頭的工具

冰桶 Ice Bucket

容積／尺寸：§14～20cm

說明：有金屬、陶瓷、玻璃、塑膠等各種型式製品

冰鏟 Ice Scoop

容積／尺寸：180～250ml

說明：鏟冰用的鏟子，大冰鏟多用在大冰塊；小冰鏟則用在碎冰

服務托盤 Service Tray

容積／尺寸：直徑30～40cm

說明：常見的有塑膠托盤與銀托盤，建議使用塑膠防滑托盤以防酒杯滑動

(四)消耗品類

擦杯巾 Glass Towel

說明：材質中一定要加入麻的成分，其橫幅需要有70cm長

杯墊 Coaster

說明：需要有一定的吸水力

吸管 Straw

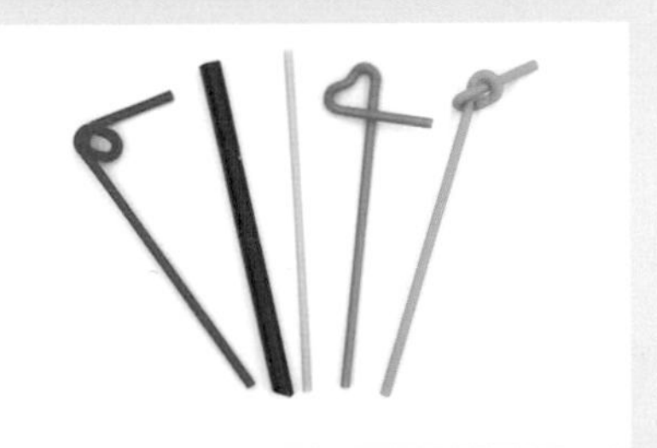

說明：造型多種，依飲料特性來提供。常見的有細吸管、粗吸管、可彎吸管、造型吸管等

調酒棒 Stir Stick

說明：造型多變化，主要是作為攪拌之用

咖啡濾紙 Coffee Filter Paper

說明：濾杯式、美式咖啡沖泡時使用。每使用一次後必須丟棄更換

劍叉 Cocktail Spear

說明：又稱為櫻桃叉（Cherry Stick），多用於櫻桃、橄欖、小洋蔥等杯飾物

裝飾物 Cocktail Garnishes

說明：常見的有小紙傘、花卉等

三、吧檯材料介紹

(一)酒精材料

琴酒 Gin

說明：以杜松子為原料，有「雞尾酒心臟」之稱

備註：第11章將有詳細說明

伏特加 Vodka

說明：以穀物以及玉米為原料，有「生命之水」之稱

備註：第11章將有詳細說明

龍舌蘭 Tequila

說明：以龍舌蘭草為原料所製造的蒸餾酒，依照酒體的顏色可分為白色與金色兩種

備註：第11章將有詳細說明

蘭姆酒 Rum

說明：以甘蔗為原料，可依照糖分與酒精濃度分類為淺色、深色、金黃以及陳年四種蘭姆酒

備註：第11章將有詳細說明

白蘭地 Brandy

說明：早期以葡萄為主要原料，現今則多數以穀物及麥芽為原料，有「燃燒的葡萄酒」之稱

備註：第11章將有詳細說明

威士忌 Whisky

說明：以穀物為原料，可依產地以及釀造使用的原料比例來分類

備註：第11章將有詳細說明

香甜酒 Liqueur

說明：在蒸餾酒或少數的釀造酒當中，再以蒸餾、浸漬等方法加入各種材料，如各種藥草、香料、水果、蜂蜜、咖啡、雞蛋等材料，所製成相當獨特口味的酒

備註：第11章將有詳細說明

(二)配料類

糖漿 Syrup

辣醬油 Worcestershire Sauce

辣椒水 Tabasco

肉桂粉／棒

巧克力米 Rice Chocolate

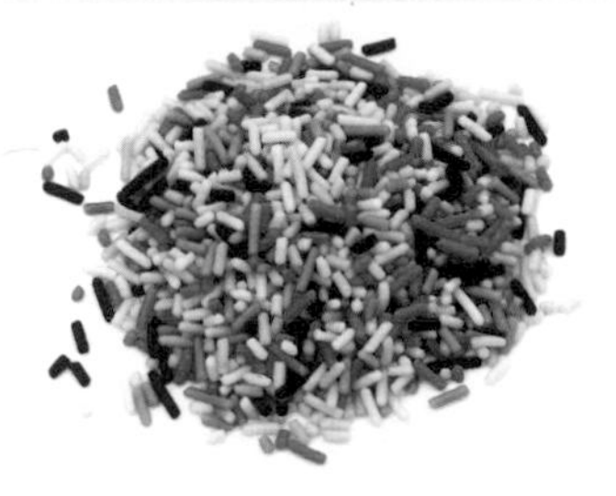

砂糖 Fine Granulated Sugar

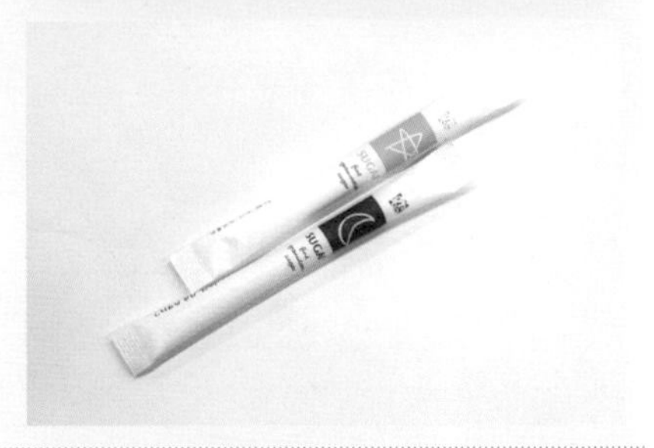

方糖 Cube Sugar

果糖 Sugar Syrup

安格式苦精 Angostura Bitter

鮮奶 Milk

奶油球 Cream

咖啡豆 Coffee Bean

蘇打水 Soda Water

通寧水 Tonic Water

薑汁汽水 Ginger ale

可樂 Coke

七喜汽水 7-up

萊姆汁 Lime Juice

檸檬汁 Lemon Juice

果汁 Juice

奶水 Cream

椰漿 Coconut Cream

鮮奶油 Whipping Cream

茶包／花茶 Tea Bag

(三)生鮮材料

橄欖 Oliver

小洋蔥 Onion

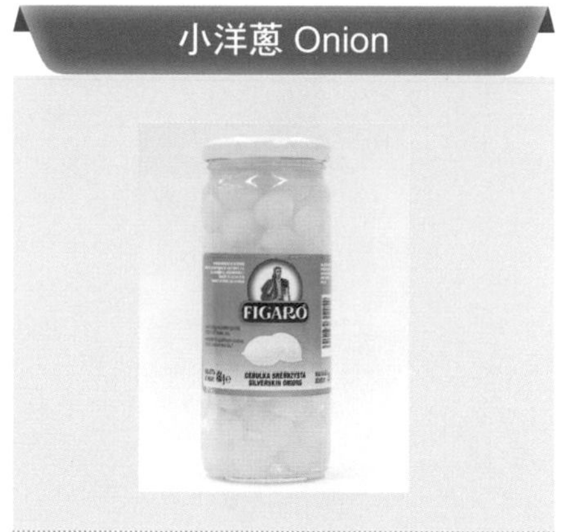

櫻桃 Cherry

鳳梨 Pineapple

檸檬 Lemon

柳橙 Orange

金桔 Round Kumquat

香蕉 Banana

番茄 Tomato

木瓜 Papaya

百香果 Passion Fruit

奇異果 Kiwi

蘋果 Apple

蜂蜜 Honey

雞蛋 Egg

CHAPTER

7

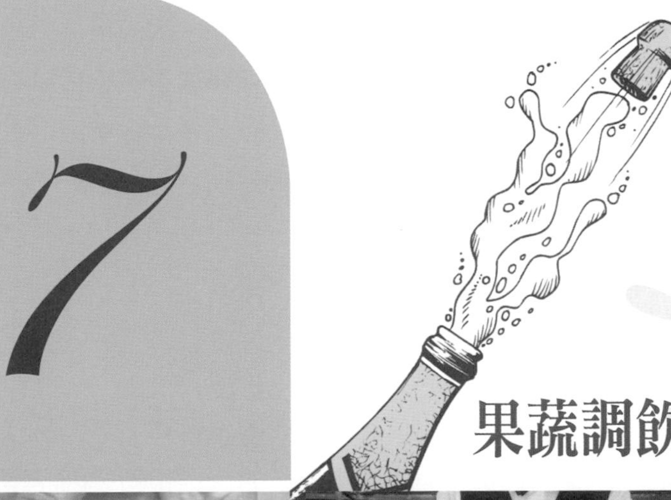

果蔬調飲實務

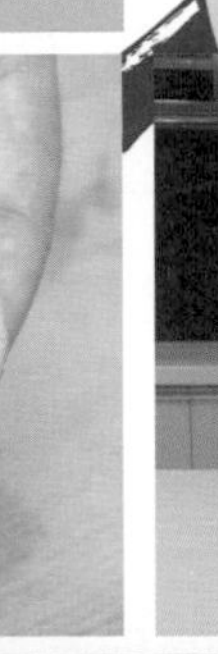

一、糖的特性

二、糖水的製作

三、果蔬飲料的特點

四、果蔬飲料的分類

五、果蔬飲料常用的原料

六、果蔬飲料製作原則

七、操作運用事項

八、果蔬調飲的服務方式

九、特選蔬果汁調製

果蔬飲料來自於天然原料，營養豐富、色彩誘人。因未提供給顧客飲用含有酒精成分之飲品，且出售的飲品為須稀釋或不需要稀釋的液體產品，故又稱「軟性飲料」。調製果蔬飲品時，多半會使用糖水來提升甜味並且抑止蔬果特殊強烈的氣味，讓口感更為柔順溫和。

一、糖的特性

「醣」，是由碳、氫、氧三種化學元素組成的化合物，其大部分分子中的氫原子和氧原子的比例，與組成水分子的比例相同，因而醣類又稱「碳水化合物」。醣，在自然界中分布很廣，種類也很多。根據分子結構可分為單醣、雙醣與多醣三種。

(一)單醣

單醣是分子結構最簡單的醣類。多為無色晶體，有甜味易溶於水。不經消化過程就能為人體吸收利用。常見的有果糖、葡萄糖、半乳糖等三種。

(二)雙醣

雙醣由兩個分子單醣組成的。雙醣，多為晶體溶於水。不能直接為人體吸收，必須經過酸或酶的水解作用，生成單醣後才能為人體吸收。常見的有蔗糖、麥芽糖、乳糖等三種（一般調理飲料多以雙醣為主，單醣為輔）。

(三)多醣

多醣由多個分子單醣組成的，主要有植物澱粉、動物澱粉與纖維素三種。

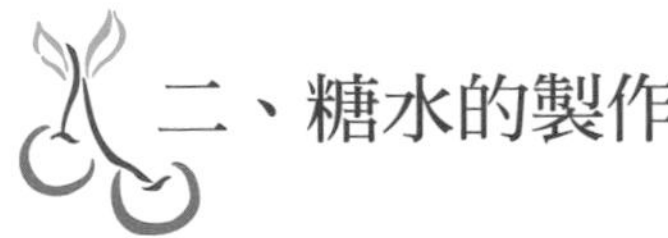

二、糖水的製作

用大火煮沸3,000cc.的清水後，加入5公斤的白砂糖。用攪拌器充分攪勻至糖溶化後，聞到糖的清香味即關火，待冷卻後即可使用（調理糖水選擇一號砂糖、二號砂糖來調製）。

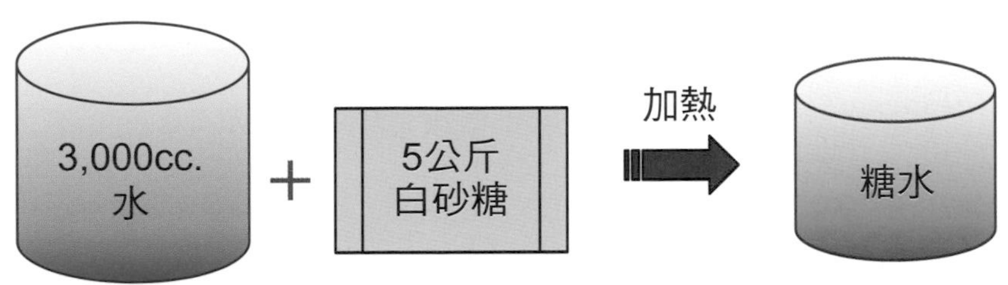

三、果蔬飲料的特點

1.悅目的色澤：不同品種的果實，在成熟後會呈現出不同的鮮豔色澤。

2.迷人的芳香：各種果實均有獨特的香氣，隨著果實的成熟，香氣更加濃郁。

3.怡人的味道：果蔬飲料主要由糖分和酸分組合而成，構成最佳糖酸比。

4.豐富的營養：果蔬飲料含有許多人體需要的鈣、鐵、鎂等，對人體組織與調節生理機能有著重要的作用。

四、果蔬飲料的分類

1.天然果汁：由新鮮成熟的果實直接壓榨出來，沒有添加水分是100%的鮮果汁。

2.稀釋果汁：加水稀釋過的鮮果汁，這類果汁加入適量的糖水、檸檬酸、香精、色素等，此類飲料中新鮮果汁占6～30%。

3.果肉果汁：在飲料中含有少量的細碎果粒，如柳橙等。

4.濃縮果汁：需要加水稀釋的濃縮果汁，原汁占50%以上。食用前應加入5～6倍的水。

5.果菜汁：加入果汁和香料的各種調合蔬菜汁，如番茄汁等。

五、果蔬飲料常用的原料

1.蘋果：蘋果是果汁的重要原料之一，品種多各有特色，所含的成分也有所差異。晚熟品種甜度適中略帶酸味，汁多且有香氣最適合取汁。在製作蘋果汁時可多採用幾個品種混合。

2.柑橘：甜橙類為主要的原料，是目前世界上用以生產果汁最多的水果，其果汁色澤好、香味濃、糖分與酸甜度適中，極受人們歡迎。

3.葡萄：葡萄出汁率達65～82%，在各種水果中居首位，營養價值高。

4.鳳梨：鳳梨品種不同，其化學成分差異也較大。鳳梨汁的風味

應選用新鮮成熟的蔬果製作果蔬飲料

也因品種的不同而異。鳳梨屬後熟型，只有用充分成熟的果實製汁才能獲得優良的果汁。

5.草莓：草莓果實呈球型或圓型，鮮紅色，味酸甜。

6.百香果：又稱「時計果」，呈橙黃色或桔紅色，多汁、味酸帶澀味。其營養豐富，尤其有豐富的維生素C，每100克鮮果中的維生素C含量高達850～1,600mg。

7.番茄：含有豐富的維生素C及胡蘿蔔素。

8.胡蘿蔔：含有豐富的維生素C和胡蘿蔔素，更有豐富的鐵和鈣的微量元素。

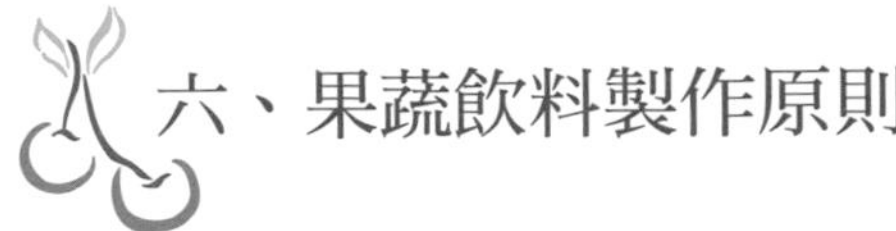

六、果蔬飲料製作原則

(一)選料新鮮

1.充分成熟：不成熟的果實，其碳水化合物含量少，且甜酸比重

無法平衡，味偏苦澀，將會失去原本果汁的香味與甜度。

2.無腐爛現象：包括黴菌病變、綠爛、苦爛……，會導致果汁變質。

3.無病蟲害、機械傷。

(二)充分清洗

果汁的製作過程中，果汁被微生物汙染的原因多來自清洗的流程。

調製果汁前必須充分洗淨蔬果

(三)常見壓榨果汁的方式

1.壓汁法：使用壓汁器來壓出果汁但不會將果皮的油脂壓出，如檸檬、柳橙汁。

2.榨汁法：使用榨汁器將果皮與果肉一起榨出，如金桔汁。

3.電動攪拌法：使用果汁機或果菜機將去皮後的水果攪碎，如芒果汁、奇異果汁、蔬菜汁等。

如含果膠量多者，可將其先浸泡在60～70℃的溫水中十五至三十分鐘再榨汁。

(四)注意品種的搭配

所有蔬菜都有本身特殊的風味，尤以蔬菜汁的青澀口味常讓人難以下嚥。因而可加入天然水果來調整甜、酸味，也可加入天然蜂蜜或檸檬汁來調和酸甜度。

(五)合理的使用輔料

1.水：使用優質的水。
2.甜味劑：最好選用含糖量高的水果來調味，也可加少量的砂糖或蜂蜜。
3.酸味物：天然的檸檬、酸橙等水果代替。

七、操作運用事項

1.用果汁機攪打過的果汁應注意其果汁是否有殘渣。
2.調理稀釋果汁或濃縮果汁應計算適當的甜度。
3.除了果汁製作外還需考慮果汁色澤與外觀的接受度。
4.果汁攪拌後，過濾時將網敲打果汁機邊緣，即能迅速達到過濾作用。
5.調打蘋果汁，先將蘋果去皮、籽。切塊後加糖水、開水及適量的檸檬酸攪拌成汁後才不易使汁液產生黑褐色，影響果汁口感及品質。

6.在果汁調配上避免取生蛋白來調製飲料，因為蛋白中含有抗胰蛋白酶和抗生物蛋白酶，這兩種物質在煮熟後才會被破壞，若生吃蛋白容易引起脫髮和皮膚炎。

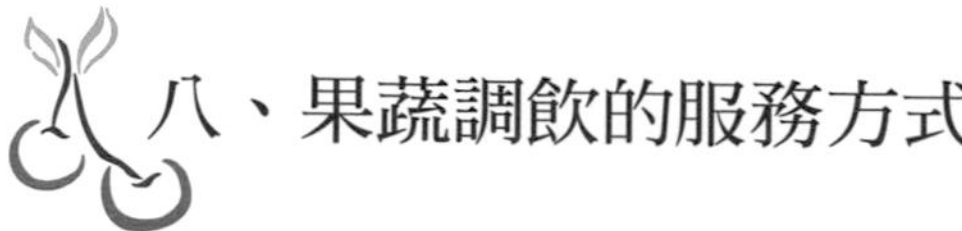

八、果蔬調飲的服務方式

1.調製過程前必須與客人確認蔬果汁的甜度與內容物。

2.視完成的果汁濃稠度給予適當的吸管。

3.使用托盤將完成之蔬果汁端送給客人，並確認杯飾物的方向。

九、特選蔬果汁調製

果汁的調製多選用Blend（電動攪拌法），讓水果的分子變小，更容易調合口味，本次選擇市面常見的金桔檸檬、木瓜牛乳、蔬果汁等品項，從不同的調製法來學習果蔬調飲的技巧。

金桔柳橙汁 Fresh Orange Citrus Juice

材料

柳橙Orange 2顆
金桔Citrus 2顆
蜂蜜Honey 30ml

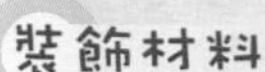

裝飾材料

柳橙片Orange Slice

調製方法

直接注入法Build

做法

①柳橙洗淨後去除蒂頭，橫切分為兩等份（柳橙的甜味可以中和金桔的酸味）。
②使用壓汁器萃取柳橙汁。
③金桔洗淨後去除蒂頭，放入榨汁機內榨出金桔汁。
④果汁杯內加入少許冰塊，依序加入柳橙汁與金桔汁。
⑤最後將蜂蜜加入，並使用吧叉匙均勻攪拌。

木瓜牛乳 Papaya Milk

材料

木瓜（帶皮）Papaya 250g
鮮奶Milk 150ml
白細砂糖Sugar 8g

裝飾材料

無

調製方法

電動攪拌法Blend

做法

①剔除木瓜的籽與囊。
②將木瓜切成長條狀後放置砧板上，以平刀法去除果皮。
③去皮的木瓜果肉平均切塊，每塊大小不超過5cm為宜。
④在果汁機容器內加入少許清水，以低速攪拌來洗淨果汁機。
⑤將木瓜、鮮奶與白細砂糖放入洗淨的果汁機容器內，加入少許冰塊。
⑥蓋緊上蓋，以手壓緊。先以慢速啟動果汁機，再轉至快速攪打。
⑦至果汁均勻且無冰塊為止。

柳橙番茄媽紅汁 Beautiful Juice

材料

檸檬Lemon 1顆
番茄Tomato 2顆
柳橙Orange 1顆
百香果Passion Fruit 1顆

裝飾材料

檸檬片Lemon Slice
柳橙片Orange Slice

調製方法

電動攪拌法Blend

做法

①番茄洗淨後去蒂備用；柳橙與檸檬洗淨後果皮切絲，果肉壓汁備用。
②在果汁機容器內加入少許清水，以低速攪拌來洗淨果汁機。
③將番茄、柳橙汁、檸檬汁、百香果放入洗淨的果汁機容器內，加入少許冰塊。
④蓋緊上蓋，以手壓緊。先以慢速啟動果汁機，再轉至快速攪打，至果汁均勻且無冰塊為止。

健康蔬果汁 Healthy Vegetables & Fruit Juice

材料

豌豆苗Green Pea Sprout ... 25g
蘋果Apple 1/4顆
鳳梨Pineapple 1/5顆
奇異果Kiwi 1/2顆
冷開水Cold Water .... 250cc.

裝飾材料

檸檬片Lemon Slice
櫻桃Cherry

調製方法

電動攪拌法Blend

做法

①蘋果洗淨後去蒂、去皮備用；奇異果與鳳梨去皮切成丁塊備用。
②豌豆苗洗淨備用。
③在果汁機容器內加入少許清水，以低速攪拌來洗淨果汁機。
④將蘋果、奇異果、鳳梨與豌豆苗放入洗淨的果汁機容器內，加入250cc.冷開水。
⑤蓋緊上蓋，以手壓緊。先以慢速啟動果汁機，再轉至快速攪打，至果汁均勻為止。
⑥可視個人口味增添少許蜂蜜。

蛋蜜汁 Egg Honey Mixture

材料

雞蛋Egg 1顆
柳橙汁Orange Juice 150ml
蜂蜜Honey 15ml
新鮮檸檬汁 15ml

裝飾材料

檸檬片Lemon Slice

調製方法

搖盪法Shake

做法

①區分放置蛋白與蛋黃。
②雪克杯內放入少許冰塊，依序加入柳橙汁、蜂蜜、檸檬汁與蛋黃。
③蓋緊過濾杯與上蓋後，均勻搖盪（至外部呈現霜狀）。
④取下上蓋倒出蛋蜜汁，最後再將過濾杯打開將少許泡沫倒入杯中。

Notes

CHAPTER

8

茶飲調製實務

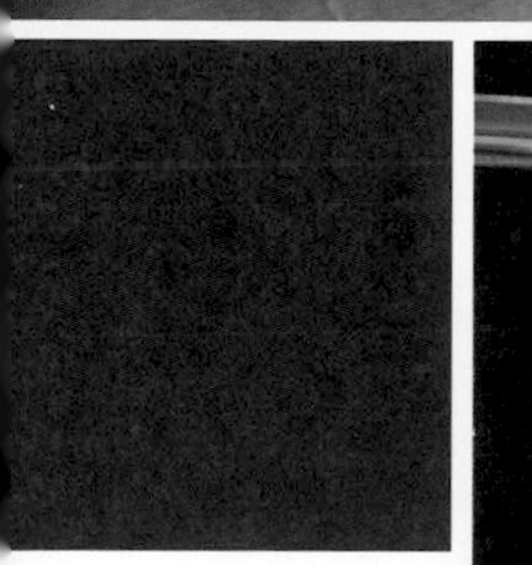

中國早在西元4世紀時，種茶與喝茶文化就已相當普遍。唐朝陸羽撰寫的《茶經》是世界上第一本茶葉專書。至西元9世紀傳入日本，西元17世紀傳入歐洲，於18世紀傳入印度，開創了印度茶的歷史。

茶被公認為世界三大飲品之一，正統的功夫茶講究茶葉、茶具、水質、沖泡方法，在世界各國大受歡迎，也興起了國際對茶的品茗趨勢。茶在我國人民的日常生活中被視為不可缺少的飲品，而且已占據台灣目前現代酒吧消費中極為重要的位置。

茶，以茶樹新梢上的芽葉嫩梢（稱鮮葉）為原料加工製成，又名「茗」。茶葉因製作方法的不同，使其在顏色、香味和品質上存在差異。一般可將茶區分為中國茶與印度茶兩大主流；中國茶葉根據其品質可分為：綠茶、紅茶、烏龍茶、白茶、黃茶和黑茶等。印度茶依據品質則可分為阿薩姆茶、大吉嶺茶、尼爾吉里茶以及錫蘭茶。

一、中國茶的介紹

(一)依據發酵程度區分

茶葉依據發酵程度可分為不發酵茶、半發酵茶和全發酵茶。

◆不發酵茶

以保持大自然的鮮味為原則，製造方式比較單純，相對品質也較易控制。製程大致有三個步驟：殺菁→揉捻→乾燥。

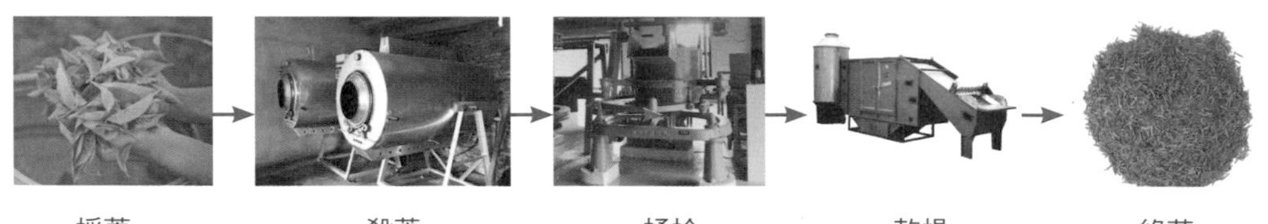

採菁　殺菁　揉捻　乾燥　綠茶

◆半發酵茶

半發酵茶可稱為中國茶的製茶特色，依其原料和發酵程度的不同，而能創造出許多不同的變化。製茶過程依循著下列步驟：萎凋→殺菁→搖菁→揉捻→乾燥→焙火。

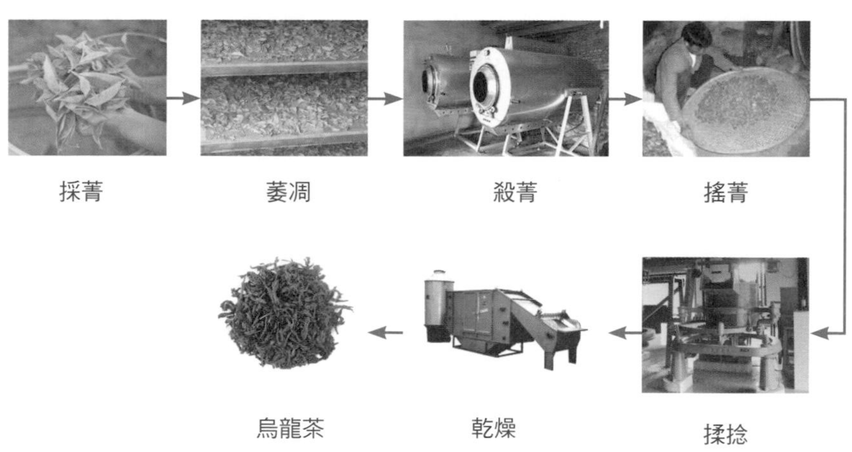

◆全發酵茶

此法會使原本茶葉中帶有苦澀味的元素「兒茶素」減少90%，使得茶體的口感更為柔潤適口。製茶過程為：萎凋→揉捻→發酵→乾燥。

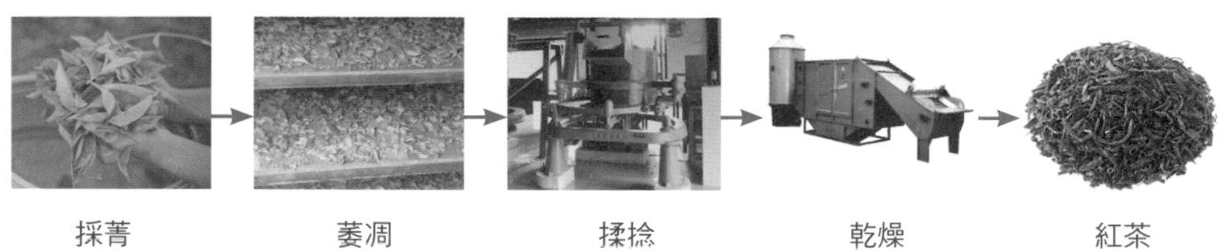

★殺菁：將剛採下的茶葉（稱之為「茶菁」）放入殺菁機內，以高溫破壞茶裡的酵素活動以終止發酵過程。
★搖菁：將萎凋的茶葉放在竹篩內，來回篩動，使葉片邊緣經過摩擦，葉緣細胞受損，經攤置失水，葉中多酚類在黴的作用下，漸漸氧化，形成茶葉特有的品質。
★揉捻：透過揉捻機加壓搓揉的過程，使茶葉成型並破壞茶葉細胞組織，使泡茶時更易出味。
★乾燥：以熱風迴旋的方式反覆烘乾。
★焙火：焙火是影響茶湯顏色最重要的過程。

(二)常見的中國茶品種

◆綠茶

綠茶以保持大自然綠葉的鮮味為原則，特色是自然、清香、鮮醇而不帶苦澀味。綠茶屬「不發酵茶」，其製法較單純，品質也較易掌握。製作過程大致是「殺菁→揉捻→乾燥」，而根據最終乾燥方式不同又可將綠茶分為炒青綠茶、烘青綠茶、曬青綠茶和蒸青綠茶四種類型。

◆紅茶

紅茶屬於「全發酵茶」，製造時將茶菁直接放在溫室槽架上氧化，不再經過殺菁過程，然後經過「揉捻→發酵→乾燥」過程。這樣，茶葉中有苦澀味的兒茶素被氧化了90%左右。所以紅茶的滋味柔潤而適口。據說當初中國向歐洲出口的是綠茶，因在長時間航海過程中，茶葉發酵了就成了紅茶，目前紅茶銷售量已經高占國際市場90%。

紅茶的特點是紅茶、紅葉、紅湯，經發酵後茶葉中原先的無色多酚類物質，在多酚氧化酶作用下，氧化後形成紅色氧化聚合物——紅

茶色素，這種色素一部分能溶於水，沖泡後形成了紅色茶湯，另一部分不溶於水積累在葉片上，使葉片變成了紅色。大致上紅茶可分為小種紅茶、功夫紅茶與紅碎茶三大種類。

◆烏龍茶

烏龍茶屬於「半發酵茶」，介於全發酵茶和不發酵茶之間。製作過程是「殺菁→搖菁→揉捻→乾燥」。烏龍茶沖泡後，葉片上有紅有綠，葉片中間呈綠色，葉緣呈紅色，湯呈黃紅色。烏龍茶的品質特點是，具有綠茶的清鮮和茶香，又含有紅茶醇厚的滋味。按茶樹品種、製茶方法以及成品茶特徵，可將烏龍茶分為水仙、奇種、鐵觀音、色種與烏龍五種。

阿里山烏龍茶是台灣最具知名度的高山茶之一，遠近馳名

◆白茶

白茶屬「輕度發酵茶」，選取細嫩葉背多白茸毛的鮮茶。經過萎凋、曬乾或烘乾，使白茸毛在茶的外表完整保留下來。其特點為：成

品茶披滿白毫十分素雅，湯色清淡，味鮮醇。沖泡後葉底狀如銀針或綠葉白茸狀如牡丹，有清熱降火之效。

◆黃茶

品質特點就是黃葉黃湯，這是製茶工序中燜堆渥黃的結果，可歸納為輕度發酵茶。

◆黑茶

黑茶的基本工藝流程是「殺菁→揉捻→渥堆→乾燥」。葉片的顏色為油黑或暗褐，這是原料粗老堆積發酵時間過長的緣故。黑茶主要是供應偏遠地區加工製作緊壓茶的原料茶，各種黑茶的緊壓茶是藏、維、蒙等民族的生活必需品。最具代表的即是普洱茶。

二、印度茶的介紹

在印度用來種植茶樹的地區廣達百萬公頃，總產量超過8億公斤，堪稱全球最大的產茶區和消費區，最頂級的紅茶也產自印度各區。

(一)常見的印度茶品種

◆阿薩姆茶

香味濃郁的阿薩姆茶，刺激性強，帶有濃厚的麥香。阿薩姆茶葉的生長期較長，成品茶葉片寬大呈黃褐色，它的分級依照F.（Fancy）、T（Tippy）、G（Golden）、F（Flowery）、O（Orange）、P（Pekoe）、1（Number One）區分。由於四季產茶，阿薩姆茶茶湯色從橘紅到深紅均可見，其本身含有高單位的單寧酸，

比其他的紅茶更需要添加牛奶或糖以中和苦澀感。

◆大吉嶺茶

據統計全球市場上每年銷售的大吉嶺茶，總重約超過一億一千多磅。雨水和陽光是影響茶產重要因素，標準的大吉嶺茶是種在傾斜45度的山坡上。任何時間飲用皆可，可加入檸檬。大吉嶺茶葉分為三級：

1.First Flush：冬季的微少光線和3月初的雨季，加上喜瑪拉雅山的早春空氣，於5月份採收的茶葉因多嫩葉，葉片小，被喻為第一等的大吉嶺茶。

2.Second Flush：5～6月是大吉嶺茶產量最大的季節，葉片外型中等，香味濃烈，味道多來自水果或花香，具有特殊的果香風味。

3.Autumnal Flush：9～10月採收的茶葉，因冷空氣縈繞，多數會因冷峻而乾枯，品質較差。

◆尼爾吉里茶

產於印度南部藍山，以精緻茶聞名。

◆錫蘭茶

錫蘭茶又稱斯里蘭卡紅茶（Ceylon Tea），其茶種之間差別極大。茶色比印度茶深，飲用茶湯時較不澀口，宜下午或晚間飲用，可加入檸檬、柳橙或牛奶飲用。一般的錫蘭茶分為三大種類：

1.丁布拉（Dimbulla）：是錫蘭茶裡最著名的，產於西部高原。2～3月期間的茶最好，適用於下午茶。

2.奴娃拉伊利雅（Nuwara Eliya）：有冠軍錫蘭茶之美譽，味甘、

茶湯烏潤清爽。但須沖泡七分鐘以上的時間才會出味。

3.烏巴（Uva）：烏巴茶樹生長較慢，產區多半位於偏遠的山坡上，採收困難。每年9月份為烏巴茶樹的採收季節，味道香濃，茶湯呈紅黃金色。

三、古典混合茶的介紹

18世紀左右可稱為「茶」的世界，歐美國家各自發展獨特的品茗方式，其中較具特色的混合茶如下：

(一)英式飲茶（English Breakfast）

來自美國茶商或品牌茶葉供應商使用，意指隨個人喜好隨意混合沖泡，感覺茶湯色澤烏黑、香氣高銳即可。依照飲茶的時間可以分為：

1.早茶（Early Morning Tea）：又稱為「開眼茶」（Open Eyes Tea），指一睡醒來一杯茶性強勁有力、味道濃烈的早茶，例如阿薩姆茶（Assam Tea）。

2.早餐茶（Breakfast Tea）：食用早餐時選用帶有新鮮青草味的茶飲，一般來說以印度茶、錫蘭茶為主。

3.午前茶（Eleven Tea）：工作至近中午時段所飲用的茶飲。

4.午餐茶（Lunch Tea）：食用完午餐後使用風味較濃烈的茶飲來搭配清爽的餅乾或三明治，常見以大吉嶺紅茶為主。

5.下午茶（Afternoon Tea）：英國人相當注重下午茶，以伯爵茶（Earl Grey Tea）為代表。正統的英式下午茶點心以底層提供鹹點或三明治、中層鬆餅與奶油果醬、上層水果塔或餅乾的三層

英式下午茶廣受女士們的歡迎

組合方式呈現。

6.晚餐茶（Dinner Tea）：晚餐時間飲用正式的茶飲，以擁有茶中香檳美稱的大吉嶺紅茶為佳。

(二)俄式卡拉瓦茶（Russian Caravan）

自1689年俄羅斯與中國簽訂雙邊貿易協定並開通西伯利亞鐵路後，中俄雙方貿易成長。使原俄羅斯著名的熱酪奶茶盛行一時。隨著時代變遷形成目前俄式的混合茶。

(三)愛爾蘭早茶（Irish Breakfast）

在愛爾蘭唯有有錢人才有資格喝茶，名為愛爾蘭自由邦的混合茶因為相當精緻，自1935年W. H. Ukers取得正式授權後，成為愛爾蘭早茶的代表標誌，宜於濕冷的季節加上熱鮮奶享用。

(四)皇家茗茶（Royalties）

英國的飲茶盛行於查理二世時代，至維多利亞時代時購買皇家茗茶的活動達到高峰，沒有中選的茶商還是會將皇家圖像繼續作為茶罐上的裝飾。大部分皇家茗茶的名字都比較懷舊。

(五)歐克拉克茶（O'Clock Teas）

起源據說是因為法國女人慣於晚起，一起床就想喝茶，因而發明出隨時間而定的茶名。

四、再加工茶介紹

順應現在步調快速的社會，陸續研發推出各種再加工茶的商品。讓現代人能以最短的時間品茗一杯好茶；另外以各種水果、花香的元素，讓茶湯單一的香氣注入多元的選擇。市面上常見的再加工茶有：

1.花茶：用綠茶、紅茶、烏龍茶等基本茶類作為茶胚，與各種香花進行拼合製成，常見的是茉莉花茶。

2.濃縮茶：濃縮茶的成品茶採用一定量的熱水提取，過濾出茶湯，進行減壓濃縮或反滲透膜濃縮，到一定濃度後裝罐滅菌而製成。可直接飲用，也可作為罐裝飲料茶的原汁。

3.速溶茶：速溶茶的成品茶採用一定量熱水提取，過濾出茶湯，濃縮後加入環糊精（以減弱速溶茶成品的強吸濕性），並充入二氧化碳氣體，進行噴霧乾燥或冷凍乾燥後即成粉末狀或顆粒狀速溶茶。速溶茶成品必須密封包裝以防吸濕。

4.果味茶：茶葉半成品或成品加入果汁後製成各種果味茶，這種

茶葉既有茶味又有果香味。

5.水果茶：水果茶在製作上多半使用紅茶來沖泡，再配以濃縮果汁、果醬、水果來搭配組合，改變紅茶傳統的做法。

6.花草茶：花草茶源自於拉丁語Herba，取用花草的花、葉、根、莖等部位，加以乾燥沖泡而成，常見的有：

(1)薄荷葉（Peppermint）：適合飯前飲用，口齒留香。

(2)玫瑰茶（Rose Tea）：適合用餐後或睡前飲用，有安定的作用。

(3)紫羅蘭茶（Blue Mallow）：沖泡後呈現淡紫褐色，與檸檬汁搭配會更突顯紫色的色彩。

(4)薰衣草（Lavender）：沖泡後散發出特有的淡雅香味，有安定與幫助睡眠的作用。

(5)檸檬草（Lemon Grass）：又稱為「香茅」，具有健胃的作用。

五、茶的鑑別

鑑別茶葉品質的優劣，目前仍以感官審評為主，化理檢驗為輔。透過視覺、嗅覺、味覺、觸覺來審評。

常見的審評方法如下：

(一)看乾茶法

1.鬆緊：茶葉條索緊細而重實的為好；粗而鬆、細而碎的為差。

2.整碎：茶葉的勻整程度。條多而整齊均勻者為好，條粗不均勻者為差。

3.淨度：茶葉中含夾雜物的程度。

4.色澤：反應茶葉的顏色，色的深淺程度，以及光線在茶葉面的反射光亮度。紅茶烏褐而油潤者為佳，灰褐色為差；綠茶翠綠有光者為佳，枯黃或發暗者為差。凡紅茶含有較多的橙黃色芽尖者，綠茶含有較多的白毫者為高級茶品。

(二)開湯評茶法

看茶葉內質。茶葉和開水的一般比例是1克乾茶沖入50毫升開水，蓋上蓋，泡五分鐘後倒入茶杯內。看湯色，次聞香氣，再品滋味，最後看葉底。

鑑別茶葉品質之優劣可視沖泡前之茶葉及沖泡後之茶湯色澤而定

開湯評茶法茶湯優劣對照表

評審項目		綠茶	紅茶	烏龍茶	花茶
湯色（色度、亮度、清濁度）	優	黃綠明亮	紅豔明亮	橙紅清澈明亮	
	次	黃綠欠明	紅豔欠明	橙黃欠明	
	差	深淡濁暗	紅暗淡濁	暗淡	
香氣（純異、高低、長短）	優	香高濃度持久	香高濃強持久 麥芽糖香	香高濃烈果香	突出純正持久
	次	欠濃不持久	較濃欠鮮純正	欠濃純正	不持久
	差	平淡	低平淡透青	平淡	低淡、異味
滋味	優	鮮細純濃	鮮醇甘濃 帶麥芽糖香	濃烈韻長 蘭花香	
	次	欠鮮濃純正	欠鮮濃純正	欠鮮濃純正	
	差	平淡	粗淡	平淡粗老	
葉底（泡後的葉片）	優	肥壯、黃綠、透明	紅色明亮嫩勻	葉底邊紅，心緣柔軟，明亮	
	次	黃綠勻潤	紅明欠潤、欠勻		
	差	花雜青暗	紅暗帶綠色	色暗發烏帶綠色	

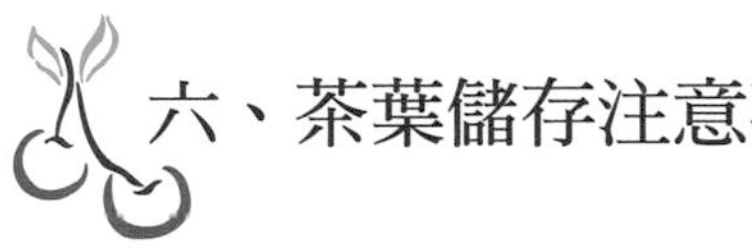

六、茶葉儲存注意事項

(一)防潮

茶葉容易吸收空氣中水分而發霉，若將茶葉散置，它會以每小時1%的速度吸收空氣中的水分。

(二)防止吸收異味

茶葉能散發出迷人的香氣，但也容易吸收其他的物質氣味而改變或掩蓋本身的香氣。存放時避免和樟腦、香料、藥物等放在一起，並且避免放在新木器與新漆器內。

(三)避光

防止陽光破壞茶中葉綠素，改變茶葉顏色。

七、茶的沏泡

沖泡一杯好茶，除了要求茶本身的品質外，還要考慮沖泡的水質、茶具的選用、茶的用量、沖泡水溫以及沖泡的時間等要素。另外也需瞭解茶葉的特點，掌握沖泡技巧，其次選用合適的器皿、程序和姿勢等。

(一)沖泡茶的水質

泡茶用水必須純淨、清鮮。一般使用天然水（泉水、溪水、井水、雨水……）。另外必須掌握影響水的pH（酸鹼度）值，當pH>5時，湯色加深；pH=7時，茶黃素就會自動氧化而損失，而且水中的鈣、鎂離子與礦物質含量也較高，影響茶葉的溶解度。

(二)茶具的選用

茶具以瓷器為多，其次為玻璃與陶製材質。一般而言，瓷器茶具傳熱不快、保溫效果好，對茶葉不會發生化學反應；玻璃材質茶具的用途更為廣泛，沖泡的過程得以準確觀看茶葉與茶湯的變化；陶製茶具中當屬紫砂茶具為代表，可保持茶湯的原色、保溫性好，即使夏天沖泡茶湯也不易變質，是為茶具中的精品。

陶製茶具保溫性好，可保持茶湯原色，適合用於沖泡茶飲

(三)茶的用量

掌握茶葉用量與水的比例關係也是泡茶的關鍵之一，一般茶與水的比例以1：50～60為佳。也就是說要沖泡180cc.的茶湯所需要的茶葉量是3公克。但是沖泡烏龍茶時，茶葉的所需量約為茶壺容積的二分之一。

(四)沖泡水溫

泡茶水溫的掌握必須依照不同的茶種而有所變更，一般而言，嫩綠的茶葉以80度左右沖泡為宜；各種花茶、紅茶則以95度的沸水沖泡，若水溫過低無法滲透茶葉，茶湯香氣將無法完整呈現；沖泡烏龍茶時必須使用100度的滾水沖泡。

泡茶的水必須用大火急沸，以剛煮沸起泡為宜。一般情況下，泡茶水溫與茶葉中有效物質在水中的溶解度呈正相關，水溫越高溶解度越大，茶湯就越濃。

(五)沖泡的時間

茶葉沖泡時間不足會使茶葉不成熟的生澀口感留存於茶湯中，但是沖泡過久又會因單寧酸釋放過度而產生苦味。原則上，茶量、發酵程度與浸泡時間呈正比，而且第一次沖泡時可溶性物質會被浸出55%；第二次能浸出30%；第三次浸出10%左右。因此建議茶葉沖泡以三次為宜。另外，沖泡水溫的高低和茶葉用量的比例也會影響沖泡的時間，水溫低、茶葉少則沖泡時間則宜拉長；反之，則需縮短。

八、茶與人體的關係

以正確的方式沖泡，茶葉會溶解出33%的成分，當中以單寧酸就占約50%，其次是15%胺基酸，其餘則是等量的咖啡因、礦物質、膠質和有機酸、氟化物、維生素E、維生素K和茶油等。所以，喝茶雖好但也要適宜，飲茶不當亦有害處。白天可以適量飲茶但不要過多，因鞣酸與維生素B_1結合會使維生素B_1含量下降，導致身體疲勞、食慾不振等情況；反之，晚間睡覺前不宜飲用濃茶，因咖啡因、茶鹼等具有興奮提神的作用，會影響入睡。

九、茶飲的服務方式

(一)中式茶的服務方式

1.賞茶：向主人與賓客介紹要沖泡的茶葉種類與內容。

2.燙壺：洗滌茶葉並使茶具溫度與茶湯一致。

3.取茶：若使用熟茶時茶量較少，生茶的量則要多一些才會有味道。

4.溫潤泡：茶葉經過茶水潤濕後即將茶湯倒出，去除茶葉的雜質。

5.第二次沖泡：依照茶葉的特性選擇適當的水溫。一般而言，重發酵茶選擇90～95度的水溫；輕發酵茶70～75度。

6.沖壺：將熱水由壺蓋沖下使茶壺內外的溫度一致。

7.控制時間：熟茶的時間要短（10～70秒間）；生茶的時間則要長一些（80～150秒間）。

8.溫杯：以熱水將聞香杯、飲用杯溫燙後再倒除。

9.倒茶：將茶湯倒入聞香杯中，再將聞香杯中的茶湯倒入客人的飲用杯中飲用。

10.奉茶：將倒好的飲用杯置於茶盤上，一一為客人奉上。

(二)印度茶與英式茶的服務方式

1.向主人與賓客介紹要沖泡的茶葉種類與內容。

2.將適量的茶葉裝入茶壺內，沖入適宜水溫的熱水。

3.沖泡後大約等待二至三分鐘才能釋放茶葉本身的香氣。

4.將盛裝茶湯的茶壺、茶杯組、茶器、濾茶器、糖罐、奶盅（需先將奶盅溫熱，再倒入溫熱的鮮奶）、小茶碟，使用托盤遞送至客人的桌上。

5.茶杯組的把手朝向客人右手，茶壺放置在茶杯組的右上方。

6.將過濾器放置於茶杯上，注入適量的茶湯後，移除上方的過濾器置於小茶碟上。

7.提醒客人可依自己口味添加鮮奶與砂糖。

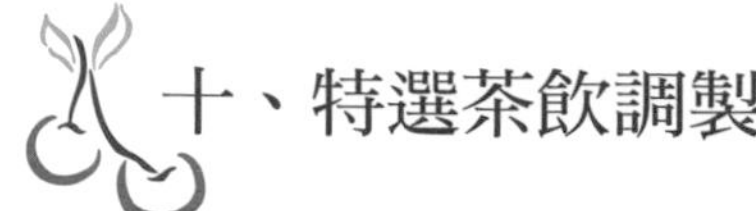

十、特選茶飲調製

台灣可說是茶飲文化的天堂，在許多的飲料店以及餐廳皆可見到各種推陳出新的茶類飲品，本次以市售常見的品項來學習茶類飲品的調製和調和的技巧。

水果茶 Fruit Flavored Black Tea

材料

鳳梨Pineapple 2片
蘋果Apple 1/2顆
奇異果Kiwi 1/2顆
柳橙汁Orange Juice 60ml
新鮮檸檬汁.................... 15ml
紅茶Black Tea 8g

裝飾材料

檸檬片Lemon Slice（置於紅茶杯中，增添風味）
蜂蜜Honey（視個人喜好加入）

調製方法

攪拌法Stir

做法

①利用沖茶器沖泡出香濃的紅茶200ml。
②雪平鍋內注入柳橙汁與少許的檸檬汁一同煮沸。
③將紅茶的茶湯倒入雪平鍋內混合均勻。
④將水果塊放入壺中，注入混合均勻的水果茶。
⑤依照個人口味添加蜂蜜。

紫羅蘭花茶 Violet Tea

材料

紫羅蘭花茶葉Violet 10g
熱水Hot Water 150ml
檸檬汁Lemon Juice 15ml
糖水Sugar Syrup 30ml

裝飾材料

無

調製方法

搖盪法Shake

做法

①紫羅蘭花茶葉放入沖茶器中，注入熱開水沖出茶湯。
②取用檸檬原汁。
③雪克杯底部裝入少許冰塊，加入紫羅蘭花茶的茶湯、檸檬汁、糖水。
④蓋緊過濾杯與上蓋後，均勻搖盪（至外部呈現霜狀）。
⑤取下上蓋倒出紫羅蘭花茶，放入吸管即可。

皇家熱奶茶 Royal Hot Milk Tea

材料

紅茶茶湯Black Tea 45ml
鮮奶Milk 45ml

裝飾材料

糖包Sugar Packets

調製方法

直接注入法Build

做法

①紅茶茶葉放入沖茶器中，注入熱開水沖出茶湯。
②將鮮奶倒入公杯內，置於盛裝有冷水的雪平鍋內利用隔水加熱的方法加熱鮮奶。
③使用吧叉匙將鮮奶充分攪勻。
④將茶杯組注入熱開水進行溫杯的程序。
⑤將茶杯組的熱水倒掉後，加入加熱的鮮奶再倒入等量的紅茶。
⑥使用吧叉匙將茶杯中的鮮奶與茶湯攪拌，附上糖包。

冰奶蓋綠茶 Ice Green Tea with Cream

材料

綠茶茶湯Green Tea 45ml
鮮奶油Cream 15ml
鮮奶Milk 10ml
起士粉Cheese Powder 5g
糖水Sugar Syrup 10ml

裝飾材料

奶泡

調製方法

直接注入法Build

做法

①綠茶茶葉放入沖茶器中，注入熱開水沖出茶湯。
②雪克杯底部裝入少許冰塊，加入綠茶茶湯、糖水。
③蓋緊過濾杯與上蓋後，均勻搖盪（至外部呈現霜狀）。
④取下上蓋將綠茶倒入杯中。
⑤將鮮奶油加入鮮奶與起士粉攪打至發泡。
⑥用湯匙將製作好的奶蓋鋪在綠茶上方即可。

CHAPTER

9

咖啡操作實務

一、咖啡的原生種

二、認識咖啡豆的種類與特性

三、咖啡選取方式

四、咖啡豆烘焙過程

五、咖啡的儲存

六、咖啡飲用禮儀

七、咖啡與人體關係

八、咖啡調製器具介紹

九、奶泡製作技巧

十、花式咖啡調製

十一、咖啡服務技巧

十二、經典咖啡教學

咖啡一詞源自於希臘語Kaweh，有「力量與熱情」之意。西元1601年後英國開始正式使用Coffee一詞來稱呼之。咖啡的由來據說在6世紀時，阿拉伯人在衣索比亞草原牧羊，有一天發現羊兒吃了一種野生的紅色果實後突然變得很興奮，引起阿拉伯人的注意。而這果實就是今日我們所看到的咖啡果實。

關於咖啡最早的文獻記載出現於10世紀，由一位阿拉伯醫生拉善斯所記錄。當時將BAN的乾燥咖啡種子經過搗碎後浸泡在水中烹煮成汁，是為醫學的藥引。最早的咖啡品種被發現於非洲衣索比亞，直到15世紀後逐漸傳到葉門、阿拉伯等地。

咖啡樹是屬茜草科常綠小喬木或灌木，以赤道為中心。南北25度間且年雨量1,000～2,000公釐的熱帶區為主要生長地帶。咖啡樹種類至少十多種以上，可生長到5～8公尺左右，採收期為五至二十年，可以不斷採收。種植二至三年左右會先開出雪白花朵散發出茉莉花的香氣，約二至三天就會凋謝，然後結咖啡果實（由綠色逐漸成熟轉變為綠黃色，再轉為紅色）。

一、咖啡的原生種

(一)阿拉比卡種（Arabica）

時下飲用的咖啡多半是來自衣索比亞阿拉比卡種移植到世界各地栽植成功的咖啡樹，主要產區分布於巴西、哥倫比亞以及中南美洲國家、衣索比亞、葉門、夏威夷等。處理咖啡生豆以水洗而聞名，因此有「以水洗阿拉比卡豆」（Washed Arabica）的說法。其特徵如下：

1.不耐高溫、低溫；雨量需求嚴格，耐病性差。

2.種植在海拔較高的高原上（1,000～2,000公尺），排水良好的土

壤。由於種植高地採收不易，需求人力較多。

3.樹高4～5公尺，花瓣5瓣，豆型扁平而小，外型類似花生米粒。

(二)羅巴斯塔種（Robusta）

占全世界咖啡種植面積的20～25%，主要生長在非洲熱帶地區以及夏威夷、印尼及印度。19世紀時傳到東南亞地帶，但因其豆子本身的味道具有微微的木頭味、土味與霉味，因而多半用來生產即溶咖啡、三合一咖啡使用。其特徵如下：

1.耐熱、耐寒及耐濕、耐旱，抗病力強。

2.種植在海拔100～500公尺的山坡上，可用機器採收，所需人力較少。

3.樹高5～6公尺，花瓣6瓣，豆型大，外型近乎圓形。

(三)賴比瑞卡種（Liberica）

原產於非洲西海岸，現有利比亞、象牙海岸、安哥拉及印尼仍有

咖啡已成為深受消費者喜愛之飲品

少數栽種，市面較少見。特徵如下：

1.耐熱、耐寒及耐濕、耐旱，抗病力強。
2.種植在海拔200公尺以下的坡地或平地上，可用機器採收，所需人力較少。
3.樹高6公尺以上，花瓣8瓣，豆型近似菱形的橢圓狀。

二、認識咖啡豆的種類與特性

(一)藍山咖啡（Blue Mountain Coffee）

咖啡中的珍品，味道清香甘柔而滑口，不具苦味而帶微酸。一般都單品種飲用，極少用來調配，是咖啡中最高品種。因產地在西印度群島中牙買加境內的Blue Mountain因而得名。主要特徵就是豆子的尺寸規格是最大的。

(二)摩卡咖啡（Mocha Coffee）

具有特殊風味，其獨特之甘、酸、苦極為優雅，是許多人士所喜愛的優良品種。單品種飲用居多，飲之潤滑可口，醇味歷久不退。目前以葉門生產的摩卡咖啡品質最佳，其次是產地衣索匹亞。

(三)巴西咖啡（Brazil Coffee）

巴西咖啡生產量占全世界總產量的三分之一，有「咖啡大陸」之稱。屬中性豆，其風味之佳被喻為咖啡中堅，泡飲時單味亦佳，調配其他咖啡更具風采。其味略酸、略甘微苦且具有淡香味。

(四)哥倫比亞咖啡（Colombia Coffee）

是軟性咖啡之品種，酸中帶甘，苦味中平。異香撲鼻乃咖啡中的佼佼者。多半用來調配綜合咖啡或是加強咖啡香味之用。

(五)曼特寧咖啡（Mandheling Coffee）

強性品種，濃厚風味、味苦但醇度特強。是許多咖啡愛好者都喜歡之單品，亦是平常調配綜合咖啡不可或缺的品種，產自印尼蘇門答臘。

(六)瓜地馬拉咖啡（Guatemala Coffee）

酸味較強，味道芳醇具野性。甘味則與哥倫比亞咖啡相似。為中美洲生產的中性豆，產自瓜地馬拉。

世界各品種咖啡特性

名稱	產地	香	甘	酸	醇	苦	備註
藍山	牙買加（西印度群島）	強	強	弱	強		最高級品
聖多士	巴西	中	中		中	弱	宜調配用
摩卡	衣索匹亞	強	中	強	強	弱	風味特殊
哥倫比亞	哥倫比亞	強	中	中	強	弱	最標準品質
瓜地馬拉	瓜地馬拉	中	中	中	中	弱	高級品質
牙買加	牙買加	中	中	中	強		品質優良
曼特寧	印尼（蘇門答臘）	強			中	中	風味特殊
爪哇	印尼（爪哇島）	弱				強	宜調配用

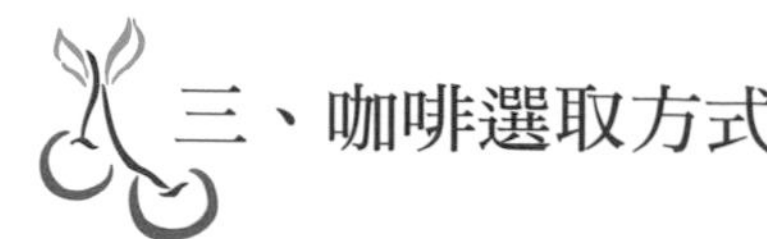

三、咖啡選取方式

(一)乾燥式日曬法

又稱「自然乾燥法」。將採取的咖啡果實曝曬於廣場上一至二星期，以脫殼機將乾掉的果肉、果皮與銀皮去除。此種方式製成的咖啡略有苦味。巴西、衣索匹亞及葉門等地都是採用此種方法篩選。

(二)水洗式

將收成的果實放入流動水槽，除去浮在水面的果實後，使用果肉去除機協助剝去咖啡豆外皮與果肉，再放入水槽，將浮出果肉去除。再進入發酵槽浸泡一至二天。其程序為：把發酵的咖啡豆表面膠質溶解→用生水洗過→曬乾後以機器乾燥→脫殼機將內果皮去除→成為生豆。水洗式的咖啡豆比乾燥式的咖啡豆色澤差但雜質少。瓜地馬拉、哥倫比亞、墨西哥等咖啡果實70%左右均採此方式處理，此方式均能發揮各種生豆的特性，使其散發出獨特的香氣。

四、咖啡豆烘焙過程

咖啡豆必須藉由烘焙的過程才能釋放出咖啡本身特殊的香氣與色澤。將咖啡生豆加熱，表面顏色起變化直到熱度完全滲透至豆內使其充分爆裂完成初步工作，此項流程稱為「烘焙」。烘焙過程可分為兩個手續：

1.將機器的溫度調至攝氏220度以上，放入生豆後以中火烘焙十分

鐘，接下來做急速冷卻。其方法可使咖啡豆色澤美麗且保留香味。

2.機器調至攝氏180度，把上述的咖啡豆放入，以中小火烘焙，使豆色為需要之適度程度。

咖啡豆烘焙熟度可依據咖啡豆的種類與特殊用途，分為淺焙、中焙和深焙三種。淺焙的豆子顏色較淺，味道較酸；中焙的豆子顏色適中，酸味與苦味適中；然而深焙的豆子顏色最深，味道則偏重濃苦。

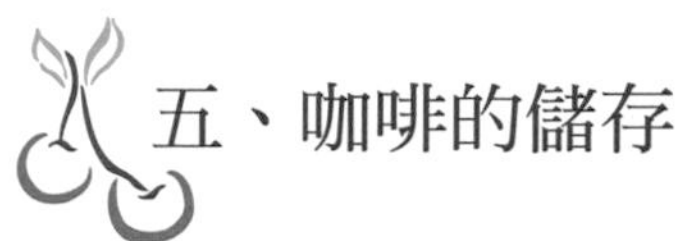

五、咖啡的儲存

妥善儲存咖啡必須注意下列各項：

1.溫度、溼度、陽光與氧氣是影響咖啡儲存品質的主要因素。

2.咖啡豆應在沖煮前才進行研磨，避免因儲存不當而使口感變質。

3.咖啡豆應存放於密封罐或密封袋中，保持新鮮。但避免存放在塑膠罐內，因塑膠製品會吸收咖啡的油脂和香氣。

4.咖啡儲存的地點必須擁有良好的通風，避免與其他強烈味的食品或物品一同儲存。

5.一般而言咖啡豆的保存期限為三個月，咖啡粉則只能保存一至二星期。

6.使用咖啡豆應要核對袋子上的烘焙日期，遵守先進先出的原則來使用。

六、咖啡飲用禮儀

飲用咖啡切勿因熱氣騰騰而呼呼的吹或發出飲用聲。咖啡杯的把手應置於飲用者的左側，湯匙與糖罐應置於咖啡杯和飲用者之間的咖啡盤上，飲用者左手扶杯子，右手將糖加入咖啡略為攪拌後，然後將咖啡杯轉過來以右手持杯子飲用。

一般建議喝咖啡的時間為早晨，多加些牛乳提神又營養；辦公或工作者在下午3～4點時為飲茶時間，可消除疲勞精神百倍；晚餐後可於咖啡內加入少許威士忌或白蘭地，芳香可口，幫助消化。

正確的咖啡品嚐流程如下：

1.先將不加糖和乳品之咖啡含於口中大約一分半鐘，舌頭之反應是否酸味過強、苦度過高？
2.酸味及苦味中是否有澀味及雜味之反應？
3.再將黑咖啡液加糖，適量即可（加糖時酸味會提高），含入口中之反應是否和不加糖時有所變異。
4.黑咖啡加糖後再加乳品類（加乳品會使香味及醇度加強，但需注意乳品優劣），含入口中品嚐是否順口，喉部是否有香濃韻味，但仍以不超過咖啡本身風味為佳。
5.過喉後口中的甘、苦、酸、香、醇可否中和。

七、咖啡與人體關係

咖啡是由咖啡豆製成的飲品，一杯黑咖啡的熱量相當低，100克的黑咖啡中，蛋白質約占0.2克、脂肪0.1克，其他幾乎是水分。咖啡豆內的物質有上百種，其中「咖啡因」（Caffeine）是為最主要的物

質，化學名稱是三甲基黃嘌呤，可用作醫學領域的興奮劑。攝取過多的咖啡因容易發生耳鳴、心悸等症狀。

當然，咖啡因對於人體的健康維護也是有極大的功效。因其會刺激大腦神經細胞，提高腦細胞活力，增進提神醒腦的作用；刺激交感神經系統，可以消除疲勞。其次，因血管擴張增加動脈收縮，可以減除偏頭痛帶來的不適；另外，適量的攝取有抗氧化、抗憂鬱、促進消化改善便秘之幫助，也具有提神醒腦、解除疲勞、降低膽結石與帕金森氏症的罹患率。適當的攝取量建議每日喝1～2杯咖啡最為適宜。

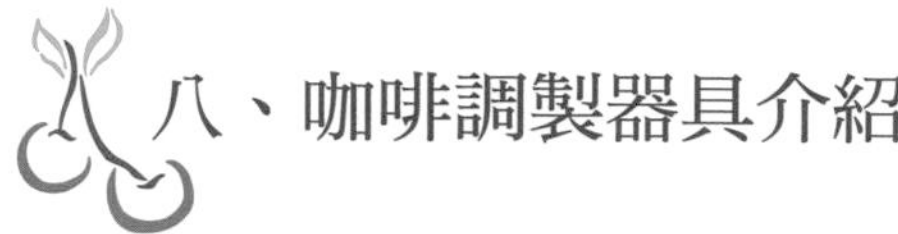

八、咖啡調製器具介紹

(一)虹吸式咖啡

虹吸式（Syphon）咖啡在台灣咖啡市場扮演極為重要的角色，多以單品咖啡為主。此法於西元1840年由Robert Napier所發明，利用蒸餾壺裡沸水產生極大的蒸氣，將沸水完全引流到上層的過濾壺內，使蒸餾壺呈現真空狀態，待過濾壺降溫而壓力變大時，自然就會將咖啡回流到蒸餾壺內。此種造成虹吸作用的沖調法可以將咖啡的特性完美的呈現，故適用於調製高級單品咖啡。

虹吸式咖啡壺主要包含了玻璃製的過濾壺、蒸餾壺以及酒精燈等配件，可依照過濾壺與蒸餾壺的大小分為1、3、5杯的分量。

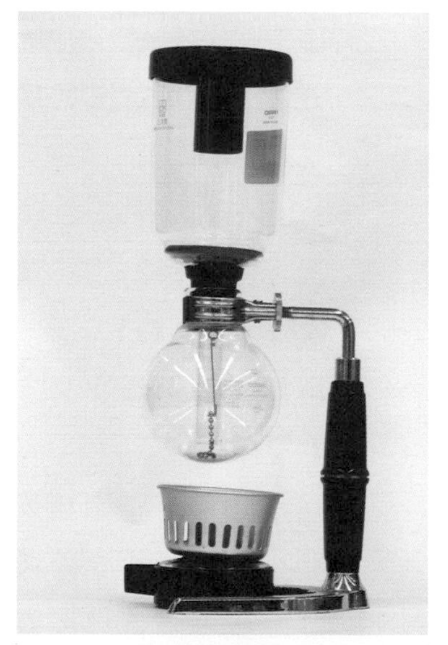

虹吸式咖啡壺

操作方法：

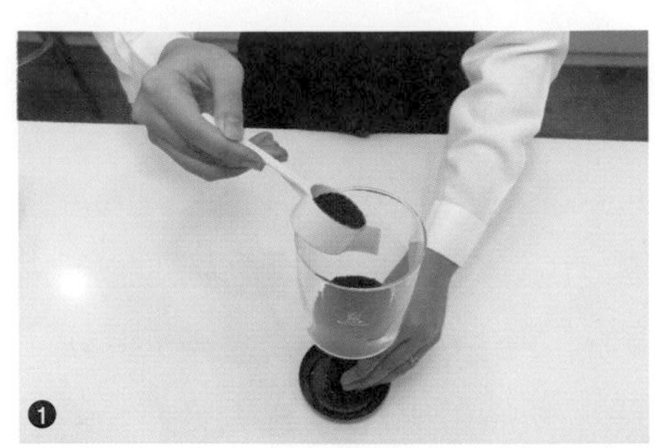

①將所需咖啡量（15公克／每杯）研磨成粉，倒入過濾壺備用（圖❶）。

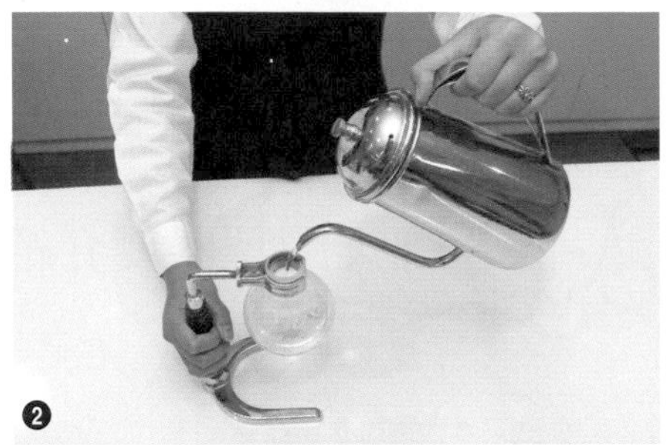

②把200cc.熱水倒入蒸餾壺用酒精燈加熱（圖❷）。

③將過濾壺內濾網彈簧勾確實與過濾壺細口處拉緊（圖❸、❹）。

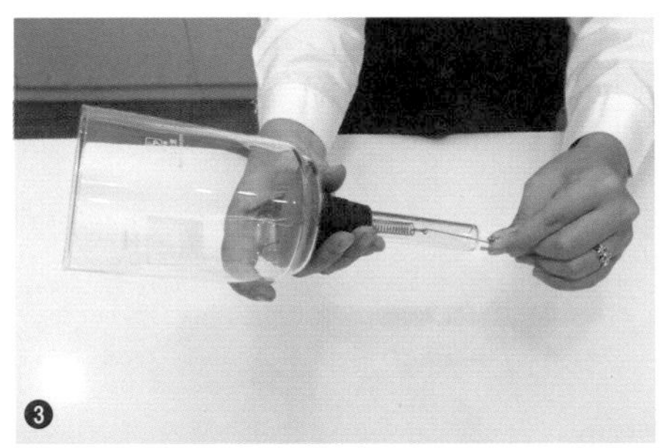

④等水沸騰後（水溫約90～92度）蒸氣集結產生壓力，再將過濾壺以45度斜放入蒸餾壺內（圖❺）。

⑤確定熱水急速上升約二分之一時，就開始用咖啡木棒攪拌第一次。

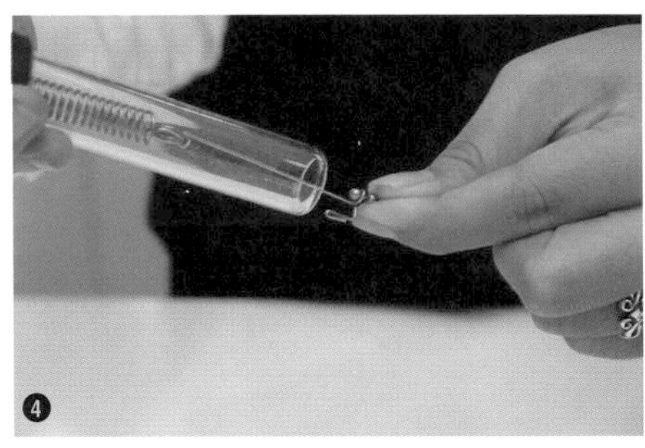

⑥30秒時進行第二次攪拌，第55秒時進行第三次攪拌（圖❻）。

⑦攪拌次數以每次來回左右攪拌4～5下。

⑧在第60秒時把酒精燈移開，以濕冷的毛巾擦拭蒸餾壺，降低蒸餾壺的

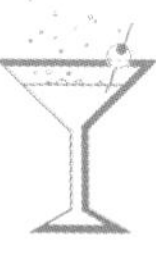

❺

❻
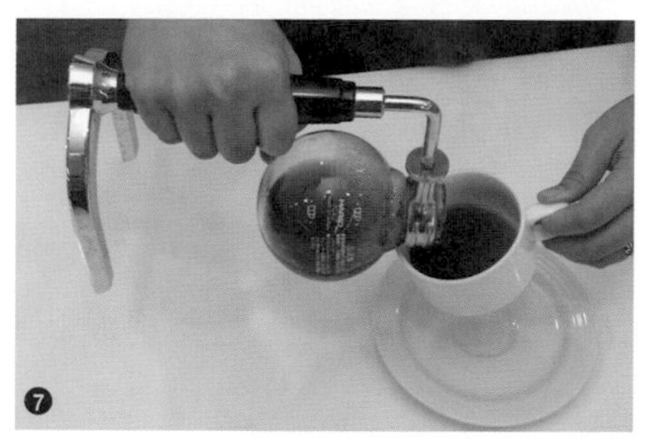
❼

溫度，使過濾壺的咖啡汁液快速流下至蒸餾壺中。

⑨將過濾壺往前傾斜45度角轉開後就可將蒸餾壺內咖啡倒入咖啡杯中（圖❼），即完成一杯香醇的單品咖啡。

用酒精燈煮咖啡的火源大小不易掌握，風大時較容易使火源跳動。只需在燈蕊部分拉高或調低就能控制火力大小，每次沖煮時間約一分鐘；瓦斯蒸煮雖可調整火力大小，但火源較強，稍不注意，易使咖啡焦黑、發酸或產生腥臭味，每次沖煮時間約五十秒。

虹吸式咖啡水量對照表

人數分量	1人份	3人份	5人份
每杯咖啡容量	150cc.	450cc.	750cc.
水分總容量	200cc.	490cc.	800cc.
咖啡粉量	15g	45g	75g

各品種咖啡特性與虹吸式咖啡操作時間表

名稱	產地	豆形	研磨號數	火候	操作時間
藍山	牙買加	豆長粒大飽滿，與哥倫比亞極為相似	2.5～3.5	大	40～45秒
巴西	巴西	豆粒大，豆略呈方形	2.5～3.5	中小	45～50秒
摩卡	衣索匹亞	豆長瘦細小，呈尖狀如蛋型	2.5～3.5	中	50秒
瓜地馬拉	瓜地馬拉	豆長，粒呈圓大，側面呈低彎半月形	2.5～3.5	中	50秒
哥倫比亞	哥倫比亞	豆長粒大飽滿	2.5～3.5	中	50秒
曼特寧	印尼（蘇門答臘）	豆長飽滿	2.5～3.5	大	50秒

(二)濾滴咖啡

這種沖泡方式沒有真正浸泡到咖啡粉，是讓熱水緩慢的經過咖啡粉滴漏下過濾而成的咖啡。18世紀風行法國的「法蘭絨滴漏法」是濾滴咖啡（Filter Drip）的代表。

◆法蘭絨滴漏法

法蘭絨過濾沖泡操作方法：

①將準備好的濾布綁附於三角鐵架上（圖❶），下方放置容器來盛裝沖泡好的咖啡。

②在濾布中倒入研磨好的咖啡粉（圖❷），輕拍使咖啡粉末平整。

③將煮好的熱開水（90～95度）由中心開始沖下（圖❸）。

④3秒後開始緩慢以順時針方向繞圈沖入熱水（圖❹）。

❶

⑤濾布的咖啡粉會因吸收水分而開始膨脹並下陷。

⑥在下陷前注入第二次水，從圓心向外旋轉繞圈。液體受到引力作用滴漏下來，通過濾布過濾後進入下方的容器內（圖❺）。

⑦沖泡的過程儘量控制在三至四分鐘內完成為佳，否則時間拉長會造成萃取過度，而改變咖啡的味道。

買回的濾布第一次使用時，應先以100度的熱水煮三十分鐘，以去除異味及附著於濾布上的黏著劑。並於每次使用後都清洗乾淨並浸於水中待用，以免乾燥酸化產生異味。此法適用於速食餐廳或需大量製作咖啡之餐廳使用。

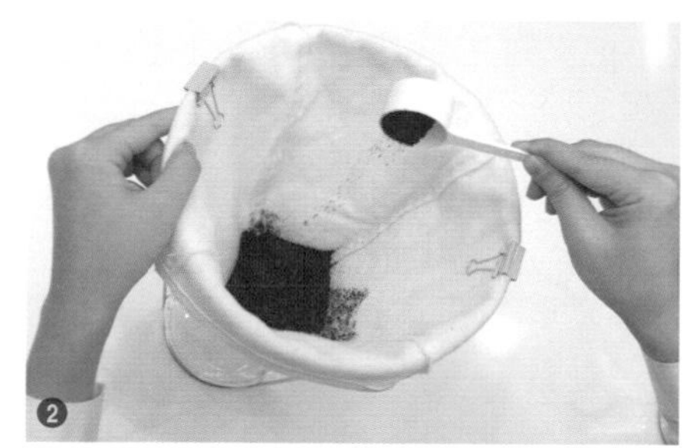
❷

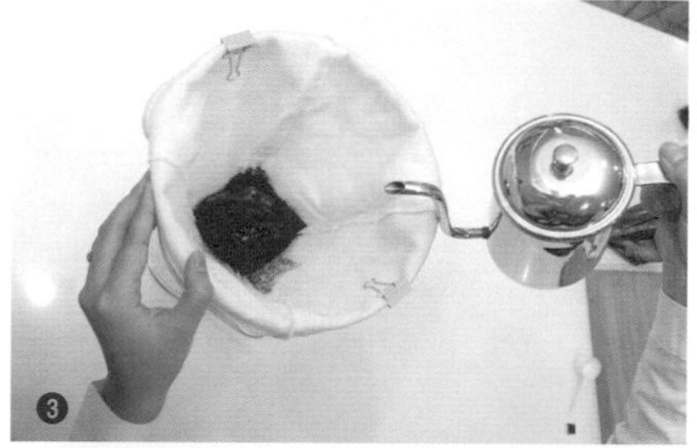
❸

❹

❺

◆濾滴式過濾法

濾滴式過濾沖泡操作方法：

①將過濾紙底部縫邊以相反方向摺疊扣緊（圖❶、圖❷）。

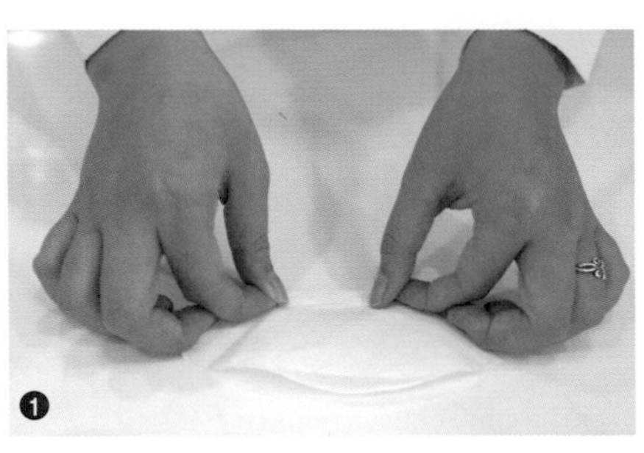

❶

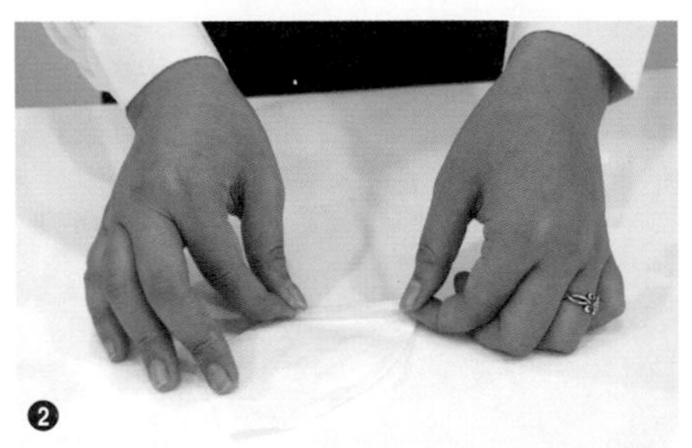

❷

②倒入研磨好的咖啡粉約12～15g，輕拍使咖啡粉末平整（圖❸、圖❹）。

❸

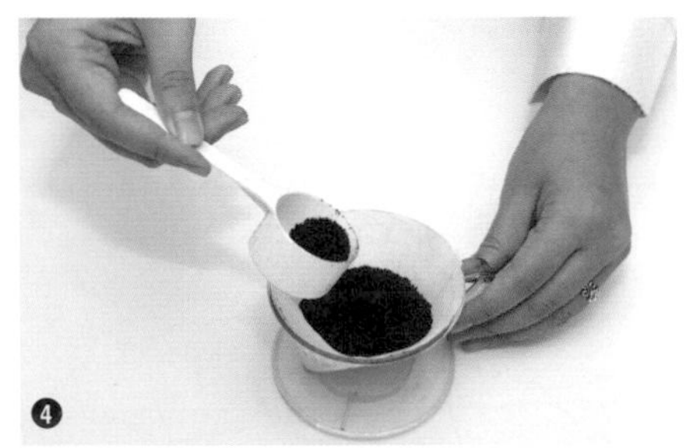

❹

③將折好濾紙的濾杯扣置在咖啡壺或咖啡杯上（圖❺）。

④將160cc.的熱開水（90～95度）由中心開始沖下（圖❻）。

⑤3秒後開始緩慢以順時針方向繞圈沖入熱水（圖❼）。

⑥濾紙中的咖啡粉會因吸收水分而開始膨脹並下陷。

⑦等待25秒後再次以順時針方式注入開水。當上方的咖啡完全滲透濾紙過濾進入咖啡杯後，即可將濾杯移走。

調製單杯冰咖啡時，也常使用滴漏的方式調製。將濾杯扣住盛裝有冰塊的杯子上方，依照濾杯過濾的方式沖泡咖啡，經過濾後的咖啡汁液滴入杯中與冰塊混合即成為冰咖啡。但沖調冰咖啡時必須確切掌握咖啡粉與冰塊的比例，一般而言，以1：1.25為佳（即沖調400克的咖啡粉時，容器內需加入約500克的冰塊）。冰咖啡若沒有即時做急速冷卻，會因熱氣將咖啡香味蒸發而失去原味，一般較建議使用內外冷卻的方式（桶外與桶內各加冰塊以達最高冷卻作用），可達最高效率。

◆美式咖啡機

美式咖啡機操作方法：

①將適量的淨水倒入咖啡機的盛水區（圖❶）。

②於濾杯中置入專用濾紙並倒入研磨好的咖啡粉（圖❷）。

③濾杯推回咖啡機後啟動電源開關（圖❸、圖❹）。

❶

❷

❸

❹

④當淨水沸騰後流向濾紙將咖啡粉混合後，慢慢滴入下方咖啡壺內（圖❺）。

❺

(三)加壓式義式咖啡

Espresso源自義大利，是指高速、快速之意。用於咖啡的表現上則是形容快速高壓蒸氣中萃取咖啡之意。

加壓式義式咖啡（Espresso Machine）以機器鍋爐熱水及壓力迅速流過咖啡粉，將咖啡豆中的精華油脂和膠質萃取出來並乳化成細小的泡沫，漂浮在咖啡上的泡沫正是Espresso的香味來源，此法多採用多樣單品咖啡豆混合而成。加壓式義式咖啡機一般可分為全自動與半自動兩種，目前是台灣咖啡市場的供應主流。兩者間的差異可從功能上來區隔：

全自動與半自動加壓式義式咖啡機功能對照表

名稱	磨粉	分量	下粉	填壓	清洗	穩定度	備註
全自動	●	●	●	●	●	品質穩定	One Touch
半自動	無	無	無	無	無	因操作人員而異	

半自動加壓式義式咖啡機操作方法：

①將所需咖啡量研磨成粉，填入咖啡把手中（圖❶）。

②使用儲豆槽的上蓋將多餘的咖啡粉抹除並刮平把手內的咖啡粉（圖❷），將盛裝咖啡粉的把手扣於桌緣。

③使用填壓器力道均衡的向下將咖啡粉壓平（圖❸）。

❶

❷

④再利用填壓器的另一端輕敲咖啡把手的兩端後再次將咖啡粉壓平。

⑤用毛刷將咖啡把手兩端多餘的粉末刷除。

⑥先按壓咖啡萃取功能鍵以檢測水流速度與流量（圖❹）。

⑦將咖啡把手扣入半自動義式咖啡機的凹槽中，再向右轉固定住（圖❺）。

⑧按下設定按鈕啟動萃取功能將咖啡流入咖啡杯中（圖❻、圖❼），即完成一杯義式萃取濃縮咖啡。

❸

❹

❺

❻

❼

半自動加壓式義式咖啡機萃取的咖啡，品質的好壞關鍵來自以下幾點：

1. 咖啡豆的品質：決定各種咖啡豆的先天條件，就以豆種是否為極品豆或次級豆。
2. 咖啡豆的混合配方：是否能各補所長，避免單調、苦澀或酸味的呈現。
3. 咖啡豆的烘焙度：烘焙的程度影響咖啡風味至深。太淺的烘焙只能突顯酸度，而太深又會突顯焦苦味。
4. 咖啡豆的新鮮度：盡可能選用新鮮的咖啡豆，採購後十天內用完為佳。開啟後請以密閉保存罐儲存。
5. 咖啡研磨的粗細度：正確的咖啡粉研磨顆粒程度，應比擬成流出的汁液。如沒有如油膏般緩緩流入杯中，則表示研磨的咖啡粉粒太小，無法達到最好的境界。
6. 填裝粉末是否恰當：正確的填裝分量幾乎能將濾器填滿，只留下少許的空間讓咖啡粉在飽和中膨脹；分量太多會造成萃取過度，汁液流不出來，太少亦造成萃取不足流速太快。一般來說，萃取一杯30cc.的咖啡時間應為18～23秒內，過快或過慢都會影響咖啡本身的香味與口感。
7. 咖啡粉末填塞搗實的壓力是否均勻合宜：填塞時的壓力是指粉末填入過濾器時，施加壓力的大小力道。若擠壓太用力或太輕時，都易造成萃取過度或不足。
8. 水溫是否適當：最好的萃取溫度90～96℃，過冷無法萃取或不足，過熱易將苦澀味也連帶抽取出來。

無論是採用全自動或半自動加壓式義式咖啡機，品質的維持仍需仰賴細心的保養與維護，否則無論是熱水的溫度、壓力的大小、出水的水量以及咖啡豆的研磨粗細度等，都有可能產生偏差。

九、奶泡製作技巧

(一)手拉式奶泡壺

手拉式奶泡壺又稱法式濾壓壺，均是不鏽鋼材質，且蓋子中央的活塞拉網也是綿密柔細，可以製作出柔細軟綿的牛奶泡沫。其操作方法如下：

①將牛奶倒入鋼杯約三分之一杯，蓋上活塞壺網（圖❶）。

②然後將活塞上下急速拉動約40下左右（圖❷）。

③讓活塞網能平均的將空氣平均打入牛奶表層，使牛奶產生細綿奶泡。如欲製作熱奶泡時，須先將牛奶加熱約60°C就可製作出口感柔綿密的奶泡。

❶

❷

(二)蒸氣管式奶泡

蒸氣管式奶泡的操作方法如下：

①取用2～4°C的冰牛奶倒入奶泡壺鋼杯約三分之一的位置，約200ml（圖❶）。

②轉動蒸氣管釋放蒸氣，再將蒸氣管噴頭斜放入牛奶中與其表面呈現45度角，且噴頭與牛奶接觸約0.5公分（圖❷）。

③打開蒸氣閥開始加熱，使牛奶表面能在最快的時間內形成漩渦（圖❸）。

④將空氣與牛奶充分混合產生奶泡。將奶泡打至約9分滿時，慢慢關閉蒸氣閥後再將鋼杯移開，以湯匙刮除表面較粗的泡沫。

⑤最後使用濕布將蒸氣管上殘留的牛奶擦拭乾淨（圖❹），並開啟蒸氣閥將蒸氣管內的水氣排掉。

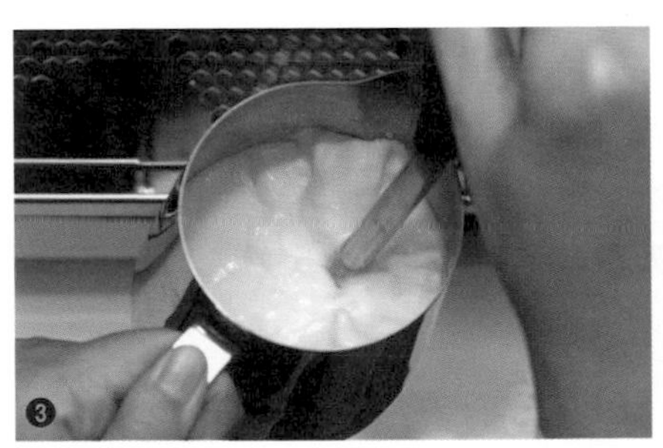

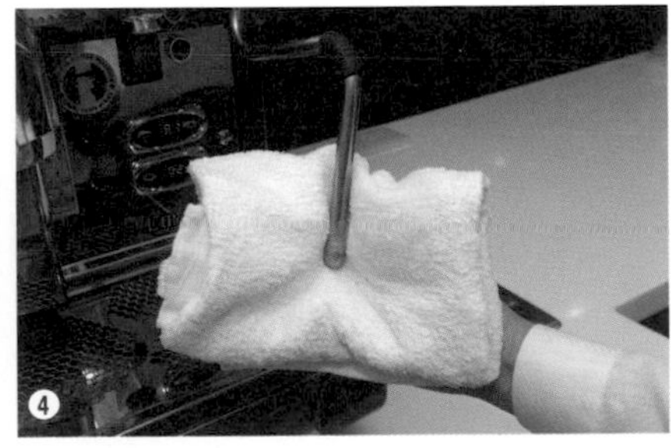

十、花式咖啡調製

(一)拿鐵咖啡（Café Latte）

Latte是義大利文「牛奶」的意思，Café Latte是指濃縮咖啡加牛奶。一般而言濃縮咖啡、牛奶與鮮奶油的比例大致為1：2：1；並且

依序緩慢加入製作出漸層感。

(二)卡布奇諾咖啡（Cappuccino Coffee）

Cappuccino是義大利文聖方濟教派僧侶所戴的僧帽，後來用於形容咖啡上尖起的奶泡狀似僧侶所戴的僧帽而有此稱法。Cappuccino的比例主要是指濃縮咖啡、熱牛奶與打泡牛奶的比例為1：1：1。市面上對於Cappuccino又可分為兩種，Dry Cappuccino是指奶泡較多而牛奶較少；另外，Wet Cappuccino則是奶泡較少而牛奶較多的比例調和。

(三)摩卡咖啡（Mocha Coffee）

摩卡咖啡的黃金比例是摩卡糖漿（巧克力糖漿）、濃縮咖啡、熱牛奶、鮮奶油為0.5：1：2：0.5，並且依序緩慢加入製作出漸層感。

(四)愛爾蘭咖啡（Irish Coffee）

在盛裝愛爾蘭威士忌的杯內倒入濃縮咖啡，再淋上鮮奶油。

(五)瑪奇朵（Macchiato）

Macchiato義大利文是烙印、作記號之意，意思是在濃縮咖啡上用奶泡作記號。多半使用玻璃透明杯組盛裝。

(六)焦糖瑪奇朵（Caramel Macchiato）

在瑪奇朵奶泡上方，用焦糖糖漿畫出交錯的格線。

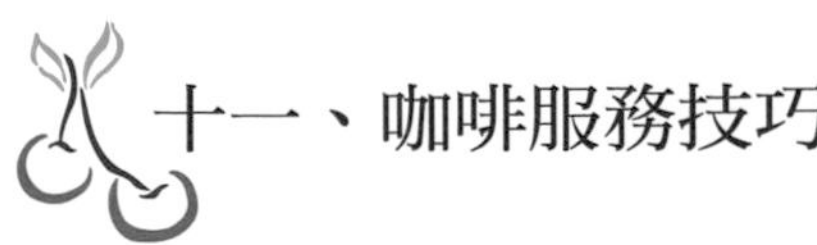

十一、咖啡服務技巧

關於咖啡的服務技巧如下：

1.向主人與賓客介紹咖啡的種類與內容。
2.將盛裝咖啡的杯組溫熱後再倒入咖啡，使用托盤遞送至客人的桌上。
3.咖啡杯組的把手朝向客人左手邊，右手邊放置咖啡匙，前緣左放奶精中間放置糖包。
4.服務熱咖啡時為避免咖啡表層的油脂（香氣來源）消失，要在完成沖煮後儘速送至客人桌面。
5.若是服務冰咖啡時，則需附上果糖以及攪拌棒。
6.提醒客人可依自己的口味添加鮮奶與砂糖。

十二、經典咖啡教學

咖啡是一種文化的象徵和體驗，近年來咖啡已融入國人的生活中，成為飲食生活的一部分。本章介紹五款不同調製法調製的咖啡，將簡單的咖啡增添許多風味。

皇家熱咖啡 Café Royale/Royal Coffee

材料

熱咖啡Hot Coffee 120ml
方糖Cube Sugar 1塊
白蘭地Brandy 60ml

裝飾材料

無

調製方法

直接注入法Build

做法

①將咖啡杯與咖啡匙注入熱開水進行溫杯動作。
②以各式沖煮方式取得120ml黑咖啡倒入杯中。
③將方糖放置於咖啡匙上，淋上白蘭地後點火。
④待方糖溶解後，將湯匙整個放入杯中攪拌後飲用。
⑤不添加任何牛奶或奶精。

愛爾蘭咖啡 Irish Coffee

材料

熱咖啡Hot Coffee 150ml
細砂糖Powdered Sugar 2茶匙
愛爾蘭威士忌Irish Whiskey 15ml
泡沫鮮奶油Whipped Cream .... 適量

裝飾材料

巧克力米

調製方法

攪拌法Stir

做法

①在愛爾蘭玻璃杯中放入砂糖。
②加入愛爾蘭威士忌。
③咖啡杯上架點火加溫，杯子保持旋轉以免破裂。
④砂糖與愛爾蘭威士忌酒溶解後，倒入以各式沖煮方式取得150ml黑咖啡。
⑤咖啡上層擠上泡沫鮮奶油，灑上少許巧克力米。

香蕉摩卡冰咖啡 Banana Mocha Ice Coffee

材料

冰咖啡 70ml
鮮奶Milk 60ml
香蕉Banana 20g

裝飾材料

巧克力糖漿Chocolate Syrup

調製方法

電動攪拌法Blend

做法

①在果汁機容器內加入少許清水，以低速攪拌來洗淨果汁機。
②將鮮奶與香蕉放入洗淨的果汁機容器內。
③蓋緊上蓋，以手壓緊。先以慢速啟動果汁機，再轉至快速攪打，至均勻為止。
④以各式沖煮方式取得70ml冰咖啡。
⑤杯中先倒入攪打均勻的香蕉牛奶，再倒入冰咖啡。
⑥咖啡上層倒入少許奶泡後，用巧克力糖漿畫出交錯的格線。

霜冰咖啡 Alaska Fountain Coffee

材料

冰咖啡 70ml
雪碧7-up 60ml
糖水Sugar Syrup 10ml
鮮奶油Cream .... 適量

裝飾材料

櫻桃Cherry

調製方法

直接注入法Build

做法

①在長玻璃杯內加入適量的冰塊。
②加入以各式沖煮方式取得70ml黑（冰）咖啡與糖水。
③再將汽水緩慢倒入。
④咖啡上端可依口味擠上鮮奶油或一球冰淇淋。

蜜思梅咖啡 Miss Plum Coffee

材料

熱咖啡Hot Coffee 120ml
細砂糖Powdered Sugar 2tsp
蜂蜜Honey 15ml
泡沫鮮奶油Whipped Cream .... 適量

裝飾材料

話梅粉Plum Powder

調製方法

直接注入法Build

做法

①將砂糖先加入咖啡杯內再加入蜂蜜於杯內。
②將煮好的熱咖啡倒入杯中約8分滿。
③注入適量的泡沫鮮奶油。
④將話梅粉均勻撒於泡沫鮮奶油上。

CHAPTER

10 水果切雕

一、杯飾物設計原則

二、飲品裝飾物的分類

三、挑選水果的要訣

四、水果切雕注意事項

五、水果切雕方法

飲品裝飾是吧檯酒水操作過程中不可缺少的環節。一杯飲品只有經過調酒師的精心裝飾才能使其增添美麗色彩和誘惑力。飲品種類繁多，裝飾變化多樣，有時因裝飾物的改變就能改變飲品的名稱。另外，在吧檯亦不可缺少的即是「水果盤」，而水果盤的好壞取決於「果雕」的精緻度與「排盤」的技巧性。基本的水果盤切雕著重於食用方便、排列整齊；而果雕水果盤使用精細的雕工將可食用之水果以藝術品的方式呈現。

一、杯飾物設計原則

(一)依照酒品原味，選擇其相協調的裝飾物

要求裝飾物的味道和香氣必須與酒品原有的味道和香氣相吻合，並且能更加突出飲料的特色。例如一杯以柳橙汁等酸甜口味的果汁為輔料時，一般選用柳橙片、檸檬片等酸味水果來裝飾。

(二)豐富酒品內涵，增加新品味

針對調味型裝飾物而言，主要取決於配方的要求。如糖霜的飲品戴克利、鹽粉上霜的瑪格麗特等。

(三)按照傳統習慣，搭配固定裝飾物

在標準傳統的雞尾酒和混合飲料中居多，如馬丁尼用小橄欖、曼哈頓用紅櫻桃等。

飲品裝飾物增添了每杯飲品美麗的色彩與誘惑力

(四)顏色協調，表情達意

色彩本身有一定的表情性，它們是調酒師和消費者感情交流的工具。如粉紅佳人用紅櫻桃裝飾，帶有浪漫熱情的感受；巴黎初夏用綠櫻桃裝飾，富有夏日初到，大地回春的視覺感受。

(五)形象生動，突出主題

形象生動的裝飾物能表達出一個鮮明的主題和深邃的內涵。如馬頸，杯中螺旋狀的檸檬皮狀似魁健的斑馬美麗而細長的脖頸。

(六)探索新方法，創造新樣式

裝飾物的外型設計與製作都強調主觀的創造性。

(七)裝飾物形狀與杯型相協調

用平底直深杯或高大矮腳杯（Collins或Hi-Ball）少不了吸管、調酒棒及大型果片等輔助裝飾，增添新的色彩。使用老式酒杯時通常將果皮或蔬菜直接投入酒水中，讓人感覺穩重、厚實，也可放入短吸管輔助裝飾。高腳小型杯，如雞尾酒或香檳杯，常配以櫻桃、草莓等小型果實或果瓣，直接掛於杯邊或用劍叉串起來掛於杯上。

(八)注意不需裝飾的酒品，切忌畫蛇添足

表面有乳品的酒品，通常撒少許的荳蔻粉即可，因漂若浮雲的白色乳品本身就是最好的裝飾；彩虹酒，本身就具有五彩繽紛的色彩。

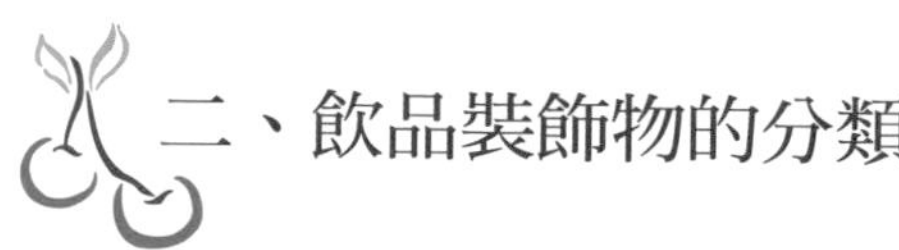

二、飲品裝飾物的分類

(一)點綴型裝飾物

大多數飲品的裝飾物都屬於此類。多為水果，常見的有櫻桃、檸檬、柳橙、草莓等。要求體積小、顏色和飲品相協調，同時與飲品的原味一致。

(二)調味型裝飾物

主要是有特殊風味的調味和水果來裝飾飲品，常見的有：

1.調料裝飾物：鹽、糖粉、荳蔻粉、桂皮等。

2.特殊風味果蔬裝飾物：檸檬、薄荷葉、洋蔥、芹菜等。

3.實用型裝飾物：吸管、調酒棒、劍叉等。

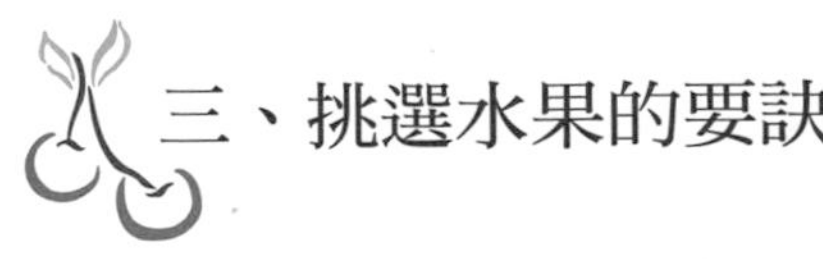

三、挑選水果的要訣

各種水果的挑選要訣如下：

1.柳橙（Orange）：選擇外皮光滑橢圓，挑量重汁多鮮甜為佳。

2.西瓜（Watermelon）：選擇外觀豐滿，光滑沉重，手彈具清脆之聲為佳（瓜柄新鮮表示剛採收不久）。

3.小玉西瓜：選擇時以手指輕按尾部及花蒂部分，按壓有硬的感覺，手拍打有清脆鼓聲為佳。

4.木瓜（Papaya）：選擇果型外表光滑斑點細小而氣味甘美為佳（以指壓其瓜蒂頭的四周，若較軟即可食之）。

5.鳳梨（Pineapple）：選擇時手指輕彈，聲音較堅實的肉聲，沉重者為佳。

6.蘋果（Apple）：選擇時應留意果實色澤自然光滑，大小適中，具天然香味，能耐久儲藏者為佳。

7.水梨（Pear）：選擇表皮透明光亮，細點均勻密布，肉脆汁多為佳。

8.楊桃（Carambola）：菱片厚實、果心飽滿具自然光澤為佳。

9.香瓜（Pursh Melon）：瓜皮光澤淺綠微黃，臍部散發自然果香為佳。臍部圈小肉質厚，瓜脆；臍部圈大肉質熟軟，不宜久放。

10.哈密瓜（Honey Dew Melon）：外皮青綠略帶黃，間有稀疏網紋，粗網紋為熟，細網紋為生硬。

11.香蕉（Banana）：果皮鮮麗呈金黃色，有天然果香味為佳，如有斑點表示已成熟不宜久放。

12.蓮霧（Wax Apple）：外皮粉紅，果實自然光澤，其臍部有四瓣，愈展開果實越甜美。

選購水果時應掌握各種水果的挑選要訣

13.檸檬（Lemon）：表皮光澤，青綠皮薄質地細。量重有自然清香味為佳。

14.葡萄（Grape）：果粒渾圓，色澤鮮麗為佳。購買時不要將果粉擦掉，此法能保存較長久的時間。

四、水果切雕注意事項

切雕水果時，請注意下列各要點：

1.每切一道水果務必擦拭遺留下來的果實渣及味道。

2.水果切畢後應儘速收好剩餘的果實，最好收藏於冰箱用保鮮膜包好。

3.切雕果盤應注意衛生，不要只留意美感與速度。

4.工作台要隨時保持乾淨，不能留有果皮殘渣或溢出的果汁等物。

5.擦拭過的抹布應馬上用清水沖洗乾淨備用。

6.切好的果盤出貨前應檢視是否留有不淨的斑點及異物。

7.部分腐爛之水果應切削乾淨，避免讓客人吃到異味。

8.鐵質高的水果如蘋果、水梨、香蕉、楊桃、芭樂等，切開後應馬上泡鹽水或檸檬汁以免水果變黑。

9.水果冰太久留有雜味者應切除或棄之。

10.切雕柳橙等水果時，去皮過程儘量避免切及果肉。

11.切割精緻水果盤時，每一塊水果都需要雕刻。

12.千萬不能用水果刀之刀口來刮除砧板上遺留的果皮或汁液，應用刀背加以處理。

13.在切雕前應將所有水果用清水洗滌清潔。

14.切除剩餘之細塊果實和果肉不要隨手丟棄，加以處理後留著打果汁使用。

15.手持刀具時不應再去取其他物品，應將刀具放妥後再去拿別的東西，以免利刃傷及他人或自己。

16.刀具應放置於安全不易掉落之工作台旁。

17.盤具若有破損應重新更換，以免割傷客人與自己。

18.不應將刀具任意借予客人或他人，以免發生事故。

五、水果切雕方法

(一)正確握刀

吧檯握刀與廚房的握刀方式不同，許多吧檯人員因錯誤的握刀方法而使其無法操控握刀力道造成傷害。

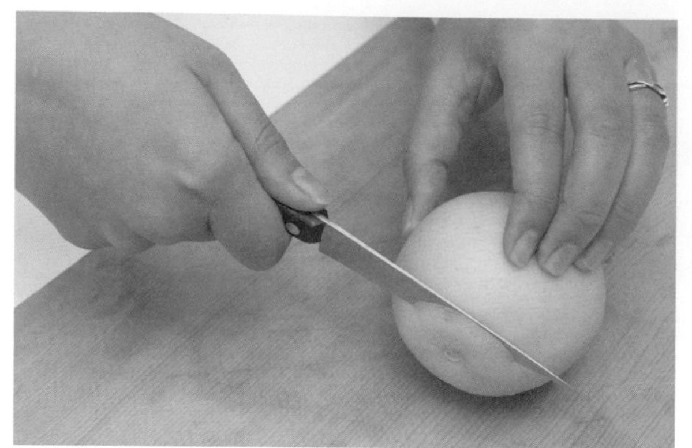

左手緊握食材（水果），右手握持刀柄、拇指壓按於刀柄上端

(二)練刀技巧

◆直線訓練

許多的大型水果，如西瓜、鳳梨等皆必須以一刀直線剖開，若無直線刀法和力道訓練，必定無法切割完美的線條。使用奶油刀作為水果刀，在砧板上以45度角落刀，由前向後一氣呵成的直線劃線，以此法練習直線切離。

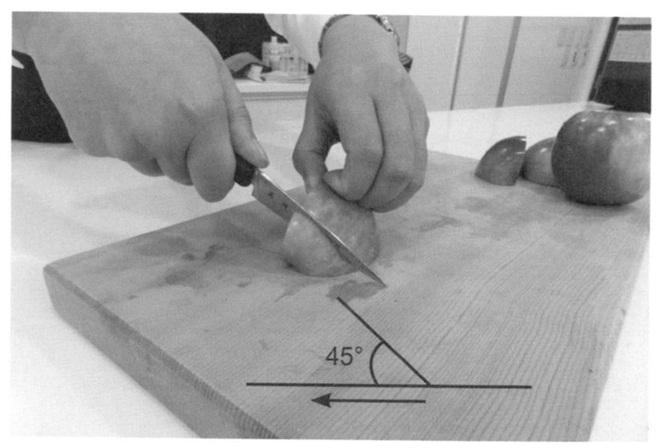

刀鋒與水果45度

◆寬度訓練

等份、等量為切雕水果最基礎的技術。練習時可以選擇柳橙、檸檬等水果，下刀時以刀尖和水果呈45度，向前推出後使用水果刀中間部分切下（圖❶），以直線後拉切割（圖❷）。

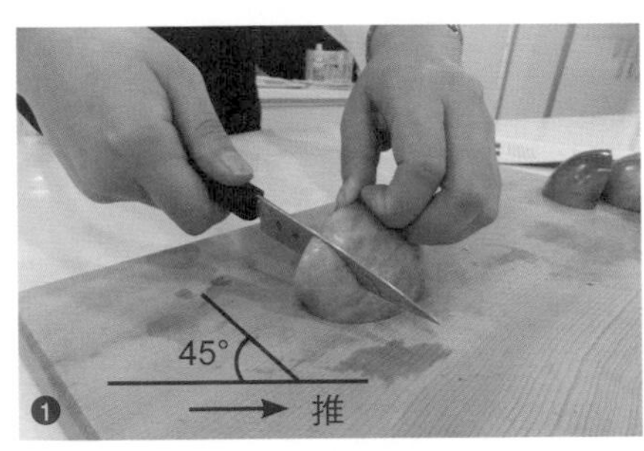

刀身中間部分切下

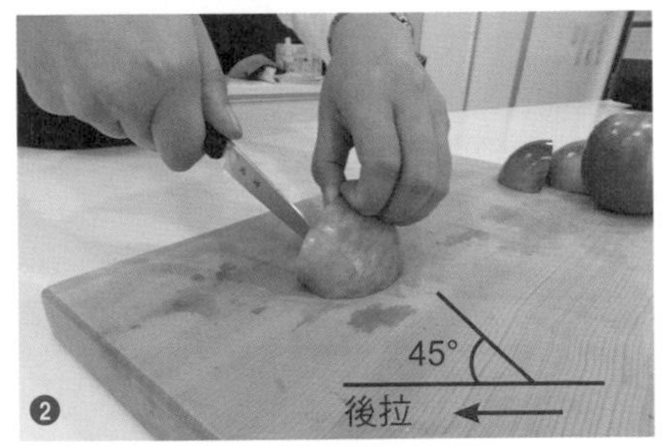

直線後拉

◆削皮訓練

飲品裝飾物以及水果盤常使用削皮雕刻的方式來展現不同的變化，但在削皮的過程中必須一刀完成，且避免切割至果肉使汁液流出影響外觀與品質。因而削皮技巧在水果切雕的領域占有極為重要的分量。將柳橙平均分割6等份，刀面與砧板平行並緊貼，抵住柳丁尖部（圖❶）。以推拉切刀法分割果皮與果肉至四分之一處停刀（圖❷），即可於分割後的果皮上刻劃線條製作不同造型（圖❸）。

(三)水果切雕技巧

◆檸檬皮

切取檸檬1～1.5公分厚片，取厚片二分之一以平刀削皮分割果肉與果皮（圖❶）。將取得的檸檬皮以平刀削皮方式消除表層白色薄膜（圖❷）。

◆圓片

使用劍叉將檸檬／柳橙片和櫻桃組合呈現（如右圖）。

◆圓片變化

切取檸檬或柳橙，以一刀斷一刀不斷方式取得蝴蝶狀展開型圓片（圖❶）。選取任一邊圓片切割分開果肉與果皮（圖❷），將果皮以順時針方式捲起（圖❸），於底部畫刀掛於杯上（圖❹）。

◆菱形片變化

1.兔子（圖❶）。

2.睫毛（圖❷）。

3.彈簧（圖❸）。

❶

❷

❸

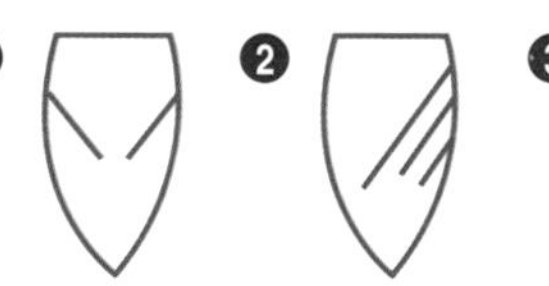

CHAPTER

11 酒

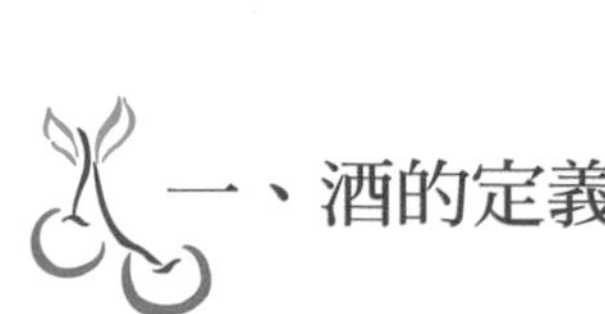

一、酒的定義

酒精學名「乙醇」（C_2H_5OH），是具有特殊香氣且無色透明的液體。主要取自含有豐富的澱粉、糖分的農作物來進行發酵，再經過蒸餾純化製成。

國人對於「酒」的定義是泛指需要以水果、穀物去釀造，或是經由蒸餾程序而取得含酒精成分的飲料。國外針對酒的詮釋主要分為兩大類：(1)Wine，主要是指水果釀造酒的總稱，包含葡萄酒、蘋果酒等；(2)Liquor，以發酵酒經過蒸餾而取得的含有高酒精成分的飲料，又可稱為烈酒。《菸酒管理法》對於酒之定義為「含酒精成分以容量計算超過0.5%之飲料」。

酒精飲料定義中英文對照

中文名稱	英文名稱	中文名稱	英文名稱
酒	Wine / Liquor	酒精	Alcohol / Spirits
啤酒	Beer	香甜酒	Liqueurs
酒精性飲料	Alcohol Drinks	酒精成分／濃度／容量	Alcohol Content

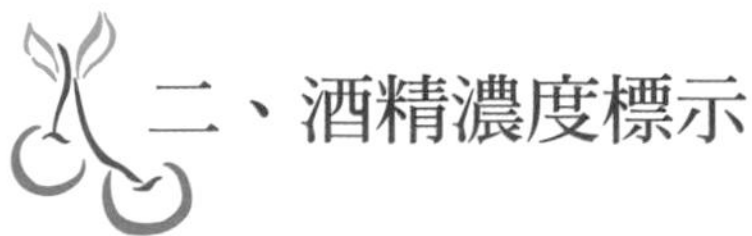

二、酒精濃度標示

酒精濃度亦可稱為「容量百分比（%）」，是指在15度溫度下每100ml的酒精飲料中，含有的酒精數值。其「%」單位也可使用「度」、「%Vol（Alochol by Volume）」或「%Alc/Vol」、「%GL」表示。例如：一瓶600cc.的米酒內含有120cc.的酒精，其酒精濃度表現方式可以標示為20%、20°、20%Vol、20%Alc/Vol、20%GL。計算公式為：

酒精容量／酒精飲料總容量＝酒精濃度

例如：

120cc.酒精／600cc.米酒＝20%

酒品所標示的酒精濃度，誤差正負值不得超過0.5%，超過標準將面臨十萬至五十萬元的罰款，並需將所有酒類成品下架回收。如網路、部落格、海報或海報等文宣資料，有敘述或出現菸、酒等相關文圖時，依據《菸酒管理法》規定，需加註相關警語。

另外，特別需要注意的是美國與英國對酒精濃度的標示與其他國家大不相同。

(一)美國酒精濃度標示法

標示單位以「Proof」為單位，計算方式為1 Proof＝0.5%Vol＝0.5%Alc/Vol＝0.5%GL。

例如：一瓶含有酒精濃度20%的米酒，就會被標示為40 Proofs。

(二)英國酒精濃度標示法

標示單位以「British Proof」為單位，計算方式為1British Proof＝0.57%Vol＝0.57%Alc/Vol＝0.57%GL

例如：一瓶含有酒精濃度20%的米酒，就會被標示為11.4British Proof。

三、飲酒法定年齡

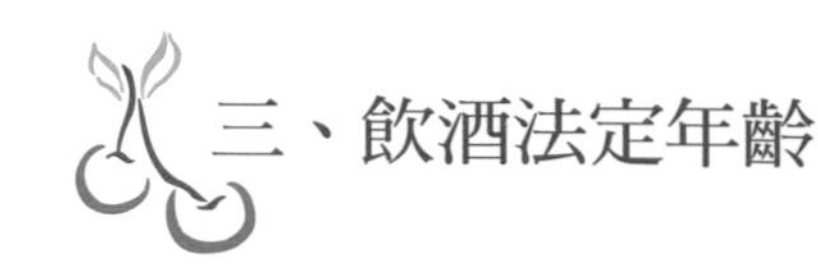

酒精飲料含有不同成分的酒精，根據1998年《美國醫學會期刊》（*JAMA*）的研究分析報告指出，酒精會加速腦部老化、情緒不穩定、注意力不集中等影響。因此，世界各國先後針對飲酒年齡立法限制，法國法定飲酒年齡是16歲；我國的法定飲酒年齡是18歲；加拿大法定飲酒年齡因各省不同，大致以19歲為主；紐西蘭的法定飲酒年齡是20歲；美國飲酒法定年齡為21歲。

依據我國《菸酒管理法》第三十一條規定：酒之販賣，不得以自動販賣機、郵購、電子購物或其他無法辨識購買者年齡等方式為之。消費者在酒類販售商店或是酒吧消費時，多半會被要求出示可辨識身分年齡的證件。如未依照規定擅自販售予未合乎飲酒年齡的消費者時，商店與負責人需連帶處分。

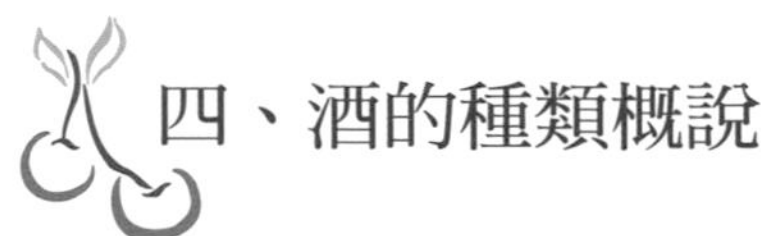

四、酒的種類概說

酒的種類可分為釀造酒（Fermented Alcoholic Beverage）、蒸餾酒（Distilled Alcoholic Beverage）和混合酒（Compounded Alcoholic Beverage），簡述如下：

(一)釀造酒

釀造酒是人類最早喝的自製酒，是製酒中最自然的方式。利用酵母菌將糖分解成為酒精和二氧化碳的發酵過程製造而出。釀造酒的發酵過程又可分為兩種：

1.單發酵：運用原料本身的糖分和天然酵母直接發酵而成，常見於水果釀製的酒。

2.複式發酵：在原料中另外添加糖分或酵母菌，將澱粉糖化後發酵而成，常見於澱粉類釀製酒。

啤酒、葡萄酒和中國老酒都是屬於釀造酒，酒精濃度在15%以下。

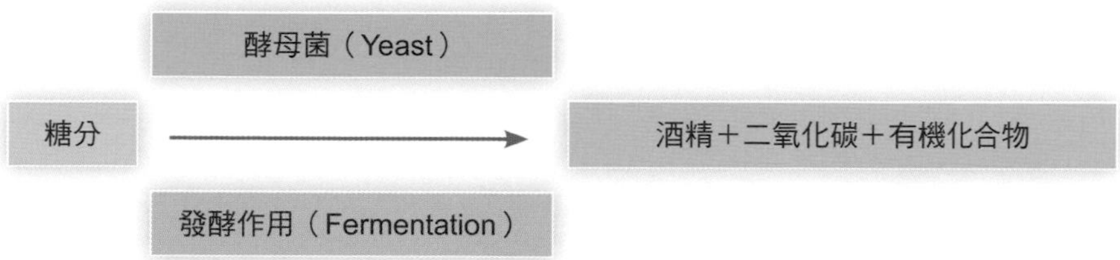

酒的製造原理

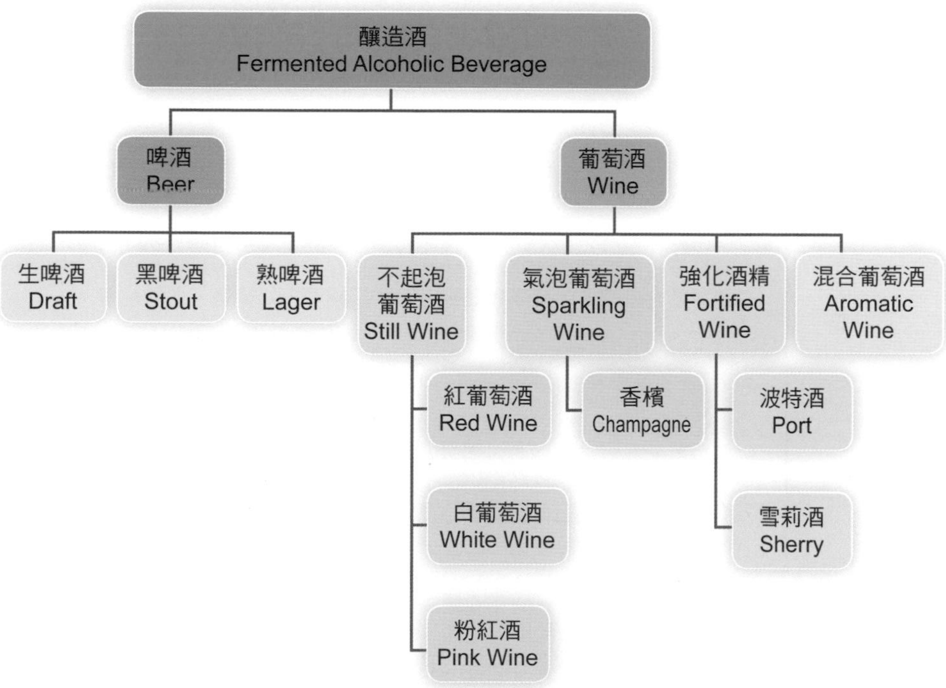

常見的釀造酒分類

(二)蒸餾酒

蒸餾酒是發酵後產生的酒，再經過蒸餾器蒸餾而成的烈性酒，含酒精成分較高，一般含酒精度在37～43%左右，但是最高可蒸餾出96%的濃度。蒸餾酒使用穀類、水果類、其他澱粉或含糖分較高的植物發酵後生成含有酒精成分的液體後，再蒸餾醇化而得到的高酒精成分液體。

製麥Malting

大麥收成後去除雜質，浸泡於乾淨的溫水中7～14天進行發芽的過程。待糖化酵素含量達到標準後即可取出烘乾。

糖化Mashing

製好的麥芽搗碎放入高溫的糖化槽中，使麥芽裡的酵素將澱粉轉換為糖分，變成所稱的麥芽糊（Mash）。

發酵Fermented

將冷卻且過濾後的麥芽糊加入酵母菌後進入發酵槽進行發酵，分解出酒精和二氧化碳，同時也會產生誘人的酒香。

蒸餾Distilled

連續蒸餾法Continuous Still

使用圓桶型的不鏽鋼槽蒸餾器，利用儀器直接在圓柱槽內加熱，使內部發酵產生蒸氣萃取酒精。此法可以一次在蒸餾器內反覆蒸餾，所得的酒精濃度含量較高。多半以穀物為主的蒸餾酒，如琴酒、伏特加等。

瓶狀蒸餾法Pot Still

又稱單一蒸餾法，由蒸餾器以及螺旋狀的冷卻器組成。材質多以銅製為主，導熱良好。此法所釀造的酒精濃度低，但會產生較有香味和口感的烈酒。常見的是蘇格蘭威士忌以及法國干邑白蘭地。

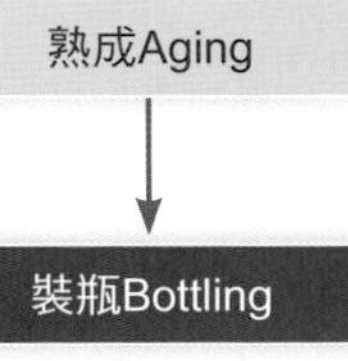

熟成Aging

萃取出的高酒精濃度蒸餾液，放入橡木桶中陳釀，吸取橡木桶的獨特氣味，增加酒體的醇感。但並非所有蒸餾酒皆須經過熟成的工序，如琴酒、伏特加酒則無須熟成過程。

裝瓶Bottling

蒸餾酒的製造過程

蒸餾酒廣泛的應用於雞尾酒的主材料基酒，如琴酒、伏特加、蘭姆酒、威士忌、白蘭地、龍舌蘭等。

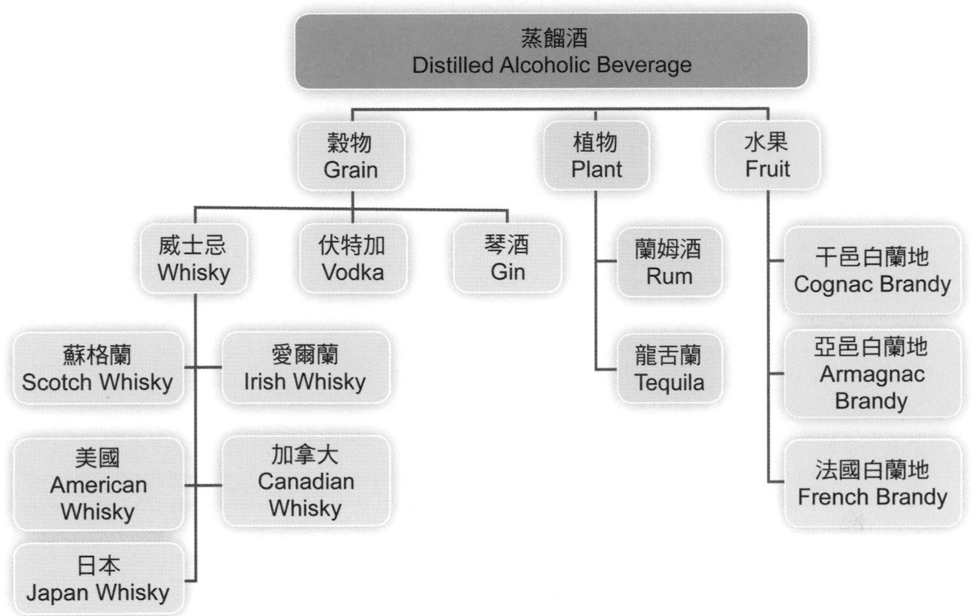

常見的蒸餾酒分類

(三)混合酒

混合酒就是在蒸餾酒和釀造酒中浸泡果實、香草香料、藥材、花瓣等一起蒸餾浸漬，而形成具有特殊風味的酒，又稱為「加味烈酒」。由於多加入有蜂蜜等糖分的配料使味道香甜柔軟，故也可稱為香甜酒，如薄荷酒、香橙酒、杏仁白蘭地以及中國的藥酒等。

混合酒在混合飲料調製的領域中扮演著重要的角色，其製作方式大致以蒸餾、浸漬或是調配方式而得。混合酒的配方一直被視為酒廠最高機密，但主要成分皆以水果、香料和植物為主。酒精濃度一般在16%左右，有些高達90%。

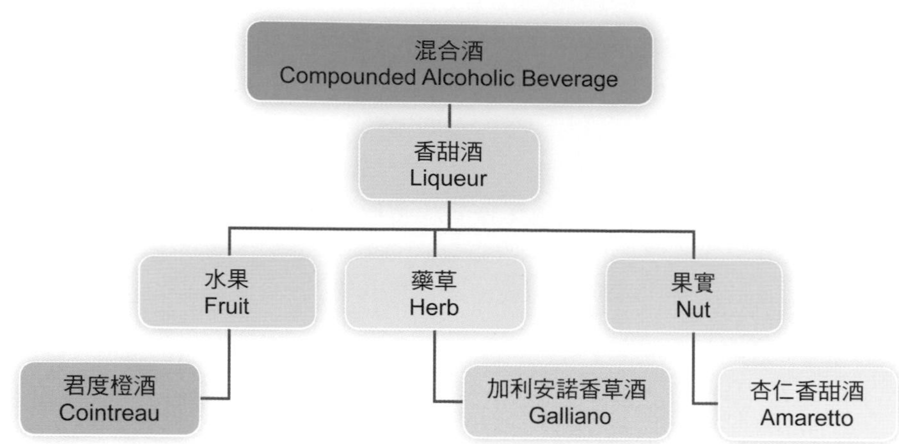

常見的混合酒分類

酒的種類

類別	內容物	原料	名稱
釀造酒（Fermented Alcoholic Beverage）	糖類	果實	葡萄酒
		蜂蜜	蜂蜜酒
		其他	龍舌蘭酒
	澱粉	穀類	啤酒、清酒、紹興酒
蒸餾酒（Distilled Alcoholic Beverage）	糖類	果實	白蘭地、櫻桃酒
		糖蜜	蘭姆酒
	澱粉	穀類	威士忌、伏特加、琴酒
		其他	龍舌蘭酒
混合酒（Compounded Alcoholic Beverage）	藥草		班尼狄克丁、肯巴利、加利安諾香草酒
	果子		櫻桃白蘭地
	種子		可可酒、咖啡酒、杏仁酒
	其他		蛋酒、奶酒

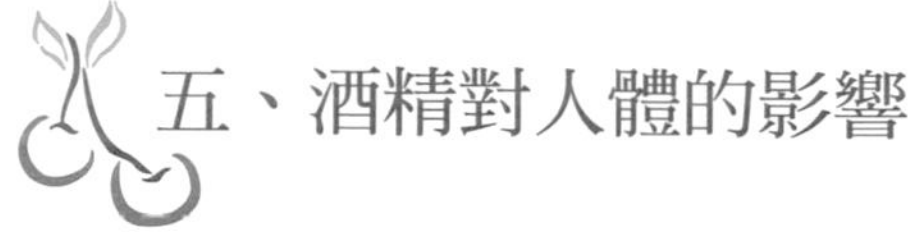

五、酒精對人體的影響

酒精在吞嚥後需三分鐘由神經傳輸到大腦中樞，當酒精性飲料被消化時，其中一小部分的純酒精會由胃壁直接流入血液中被吸收，其

餘的酒精則是通過小腸以緩慢的速度進入血液中。存在血液中的酒精經由心臟流入肝臟，由肝臟氧化與分解酒精。

90～98%的酒精會由肝臟分解成為水分和二氧化碳，2～8%的酒精則經由呼吸、尿液、淚液與汗腺等排出體外。一般來說，男性的肝臟對於酒精的分解能力較強，可以在二十四小時內分解80克純酒精飲料。而女性因肝臟中的酵素較少，在酒精進入血液前就會先被腸壁所吸收造成酒醉的情況。

「宿醉」症狀的發生是因為飲用過多的酒精性飲料，多半是由於身體脫水、血糖過低、胃部發炎等因素而引起。在酒精測量的法律標準上，每100毫升的血液中只能含有0.05g的酒精含量，一但超過標準含量則被認定為「酒醉」。

六、葡萄酒

葡萄酒據說起源於羅馬時期，當時羅馬公民可以種植葡萄來代替稅金繳納。在法國波爾多產區出現以釀造葡萄酒的貴族，專門收購羅馬公民生產的葡萄釀造享用，1789年法國大革命後，這一些原為貴族享受的美酒轉入了民間造成一股風潮。

「葡萄酒」法語稱為Vin，英語稱為Wine，德語稱為Wein，西班牙語和義大利語稱為Vino。是指葡萄汁經發酵所含酒精的飲料。1970年4月28日歐洲經濟共同體（European Economic Community, EEC）為葡萄酒重新定義為「破皮或無破皮的新鮮葡萄或葡萄汁，經全部或部分酒精發酵而得的產物」。葡萄酒的酒精濃度介於7～14%之間；如以其他水果為原料所釀造的酒，則稱為水果酒（Fruit Wine）。

釀造葡萄酒的葡萄適於生長在南北緯30～53度之間的環境，年均溫度在10～20度的地區。主要來自歐洲大陸產地，又可稱為「舊世界

產區」，如法國、德國、義大利、西班牙、葡萄牙、瑞士、奧地利、希臘、匈牙利等國；此外，新崛起的產地稱為「新世界產區」，如美國、加拿大、智利、阿根廷、南非、澳洲、紐西蘭等地，產量近年來也積極增加中。

(一)影響葡萄收成的要素

◆土壤

釀造葡萄酒的葡萄適合生長在乾燥、排水性極佳的砂礫土質，會促使葡萄的根往下伸根攝取養分。也就是說，用於釀造葡萄酒的葡萄，其生長環境不需要太肥沃或是保濕性太高的土壤。

◆種植地段（包括地區及緯度和所在區域之高度）

南北緯30～53度之間，年均溫度10～20度的地區，被評選為是葡萄生長的最佳環境。

◆氣候

日夜溫差大的氣候能使葡萄表皮的酚類物質增長快速。從春天到夏天的期間是葡萄快速成長的時段，秋季則是主要的採收期。

◆年份

由於釀造葡萄酒的原料葡萄會因為每年天候差異而出現不同的品質，所謂好年份是指該年的葡萄品質優良、果實成熟飽滿，並含有足夠的糖分可釀造濃厚豐郁的葡萄酒。

◆種植與釀造技術

葡萄樹種植的位置、向陽或背陽面等都會影響葡萄生長的品質。

土壤、氣候、種植地段與技術等均是影響葡萄收成的重要因素

另外，葡萄摘取下來後的釀造技術不同，更會直接影響葡萄酒的口感。

◆葡萄品種

1.卡本內—蘇維濃（Cabernet Sauvignon）：這是全球最受歡迎的紅酒葡萄品種，是法國波爾多區（Bordeaux）的主要品種。此品種釀造出的紅葡萄酒酒色較深，單寧強，會有明顯的黑醋栗和青草味。

2.加美（Gamay）：是釀造「薄酒萊」（Beaujolais Nouveau）葡萄酒的唯一葡萄品種，產於法國勃根地（Burgundy）產區。此區栽種的葡萄約有98%以上皆是Gamay品種。酒體呈現淡紫紅色，口感清淡但酸度重，單寧含量低。

3.梅洛（Merlot）：這是經常被推薦給入門的消費者之品種，也是歐洲釀造葡萄酒最古老也最富特色的品種之一。主要產區在法國波爾多區，酒體口感帶有梅子、李子、水果的香氣，單寧含量低。多與卡本內—蘇維濃的品種混合釀製。

4.黑皮諾（Pinot Noir）：又稱為Black Pinot，是法國勃根地產區的主要品種。因對於種植環境極為要求，而使得其市場能見度降低許多。通常用來單獨釀製紅酒，年輕的黑皮諾會呈現櫻桃、覆盆子等味道；陳年的黑皮諾則是表現出像巧克力、松露的香味。

5.希哈（Syrah / Shiraz）：在法國稱為Syrah，在澳洲則稱為Shiraz。酒色深濃，酒精濃度以及單寧含量多半較高。酒體帶有黑色莓果、胡椒等香氣。

6.夏多內（Chardonnay）：夏多內是全世界最受歡迎的白酒葡萄品種，有「白葡萄酒之后」的美譽。主要產區來自法國勃根地。除了用作釀製白葡萄酒外，更是法國香檳酒釀造的主要品種。容易受環境的影響而改變風味與口感。酒體帶有青蘋果、檸檬、奶油的香味。大致來說，未經過木桶陳年的夏多內，多呈現清爽果香和淡雅的酒體；經過木桶陳年的夏多內則帶有濃厚水果味或是堅果香味。

7.白蘇維濃（Sauvignon Blanc）：白蘇維濃是紐西蘭近年來揚名酒界的葡萄品種，主要產地集中在法國的波爾多區。常混合榭密雍（Semillon）製成貴腐甜酒。具有濃厚的青草味與熱帶水果香氣，酸度較為明顯。

8.麗絲玲（Riesling）：主要產區在德國及法國亞爾薩斯，酒體帶有白色花果香並且伴隨著蜂蜜的質感，是清爽淡雅的代表。

(二)葡萄酒的主要成分

葡萄酒的主要成分為水、酒精、糖、單寧酸及色素，各成分含量如下：

1.水：75～95%的自然純淨水，由葡萄藤直接吸收。

2.酒精：8.5～15%酒精濃度，由糖發酵產生的。

3.糖：0.5～50%含糖量；視葡萄酒的種類而定。

4.單寧酸：0.1～2.5%單寧酸。

5.色素：0～0.5%色素。

葡萄成分

(三)葡萄酒釀造的技術

◆最簡單的方法

用一種葡萄來釀酒，如Germany、Alsace、Loire、Burgundy、California或Australia地區皆使用這種方法釀酒。

◆較複雜的方法

使用數種葡萄放入大木桶內，讓它們一起發酵，義大利的幾個地區和法國Rhone山谷即使用這種方法釀酒。這種方法可用來釀造白酒與紅酒，而紅酒則可使用白葡萄或暗紅色的葡萄來釀造。典型的例子是Chateauneuf-du-pape，它們是由一種到十三種葡萄所發酵而成的酒。

◆混合法

混合法是用數種不同種類的葡萄製造成一種酒。兩種到四種不同的葡萄分別放入大木桶內發酵，然後依照特定的比率來混合。這種方法是來自波爾多和法國西南部。

(四)葡萄酒的分類

依葡萄酒製造方法可區分為：不起泡葡萄酒（Still Wine）、起泡葡萄酒（Sparkling Wine / Champagne）、強化（加烈）酒（Fortified Wine）和加味葡萄酒（Flavored Wine）。

葡萄

紅酒（白葡萄或暗紅色的葡萄）
先去除葡萄的梗，然後再發酵。發酵後，經壓榨的步驟，將新產生出的葡萄汁和葡萄皮分開。

白酒（白葡萄或暗紅色的葡萄）
先將葡萄壓榨後再去皮，只留下葡萄汁液。然後再將之發酵。

榨汁 → 發酵 → 儲存及轉換 → 混合 → 過濾 → 裝瓶

將榨汁的葡萄放入大木桶內（在現代的製酒廠也有使用不鏽鋼或是玻璃的容器），繼續發酵，但不超過一個月。發酵溫度保持在20～30度，溫度過高或過低都會抑制發酵。17克的糖可以發酵出1%的酒精。

若將這些沉澱物與酒體放置一起太久，將會影響到酒的品質。所以此時必須將酒由舊的木桶內換到另一個新的木桶。這種過程稱為「轉換」。

酒放入木桶內讓它慢慢熟成。而此時產生的化學變化情況，是決定酒品味的要素。多用蛋白或現代的化學藥品來淨化。

葡萄酒的製作過程

◆不起泡葡萄酒

也稱為「自然發酵葡萄酒」，將葡萄經過擠壓、榨汁後加入酵母發酵。依照酒的顏色又可區分為紅葡萄酒（Red Wine）、白葡萄酒（White Wine）、粉紅酒（Pink Wine）／玫瑰紅酒（Rose Wine）三種，也稱之為佐餐酒（Table Wine）。

1.紅葡萄酒：法文為Vin Rouge，採用黑色或紅色葡萄為原料，並將葡萄皮、葡萄籽、葡萄梗一起浸泡發酵。

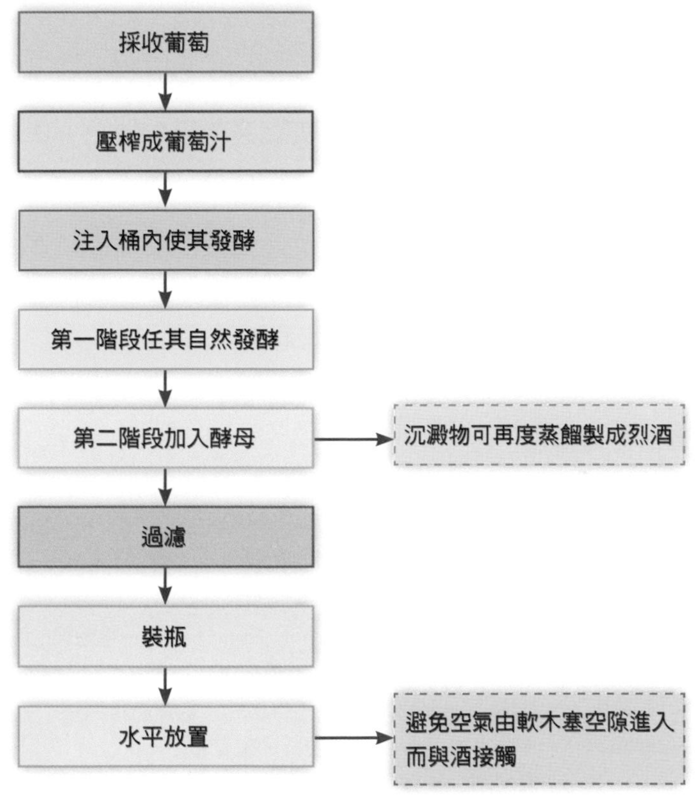

紅葡萄酒的製造過程

釀造紅酒的葡萄種類

序號	葡萄品種	說明
1	Cabernet Franc	在法國地區至少有兩種Cabernet的品種，在Loire區是製造Chinon的原料。
2	Cabernet Sauvignon	是法國Medoc地區第一級的葡萄品種，製成的酒較適合陳年。
3	Gamay	是法國Beaujolais區最主要的葡萄種。
4	Grenache	在法國南部通常是用來作為調配酒的原料。
5	Merlot	酒性濃郁，是法國Medoc區主要的葡萄品種。
6	Pinot Noir	是法國Burgundy區最主要也是最好的葡萄品種。
7	Syrah	釀製成的酒單寧酸較重，顏色較紫，陳年後可得極出色的酒。

2.白葡萄酒：法語稱為Vin Blanc，採用白葡萄為原料，或使用去皮的紅或黑葡萄釀造而成，含有豐富的果酸成分。與紅酒不同的是，熟成的時間較短，且口感可以分為甜到不甜的類型。如果是釀造不甜的白酒時，就要一直持續發酵至糖分完全消失；若是甜白酒時，則是中途停止發酵保留甜味，最典型的甜白酒代表是以腐敗葡萄釀製的貴腐葡萄酒。

釀造白酒的葡萄種類

序號	葡萄品種	說明
1	Chardonnay	Chardonnay除了是釀造白酒的葡萄種以外，也是釀造香檳的葡萄種，不過除了在法國的勃根地地區外，Chardonnay亦成功的移植至澳洲，現今更是美國加州最好的白葡萄種。
2	Fume Blanc	有另一個名稱為Sauvignon Blanc，帶有一種煙燻的味道。
3	Riesling	是德國最好也是最主要的葡萄種，所製成的酒酸甜度適中，在法國的Alsace和美國加州也占非常重要的角色。
4	Semillon	是法國Sauternes地區主要的葡萄種之一。
5	Sylvaner	德國第二重要的葡萄種，義大利和法國Alsace區亦產此葡萄種。
6	Viognier	法國隆河地區較普遍的葡萄種。

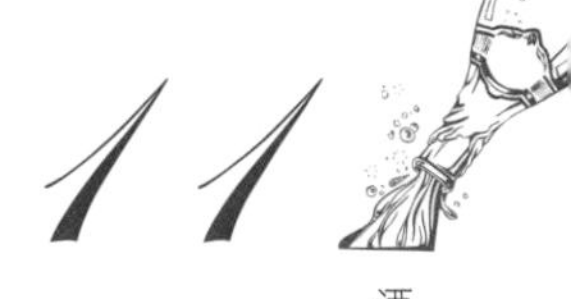

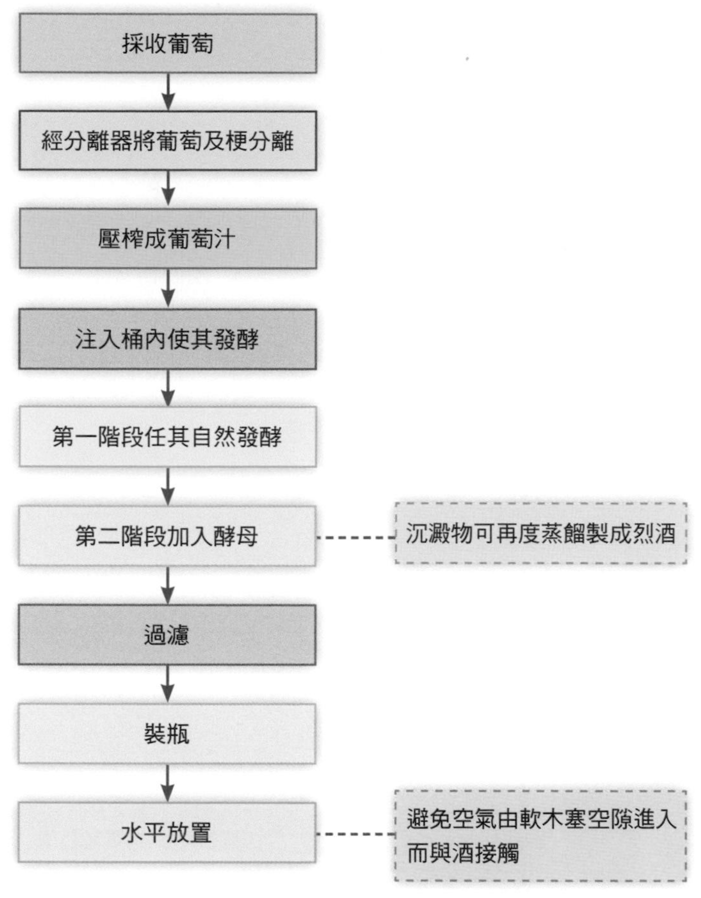

白葡萄酒的製造過程

3.粉紅酒：法語稱為Yin Rose，一般也俗稱為「玫瑰紅酒」，採用與紅酒相同的發酵方法，但在葡萄變成粉紅色時，採用壓榨的方式將果皮與果肉去除，再將其重新放入大桶內熟成，短暫低溫浸皮。粉紅酒的顏色有接近白色至接近紅色的層級，一般顏色介於紅白酒之間。若是直接以紅、白酒混合者，稱為Blush Wine。

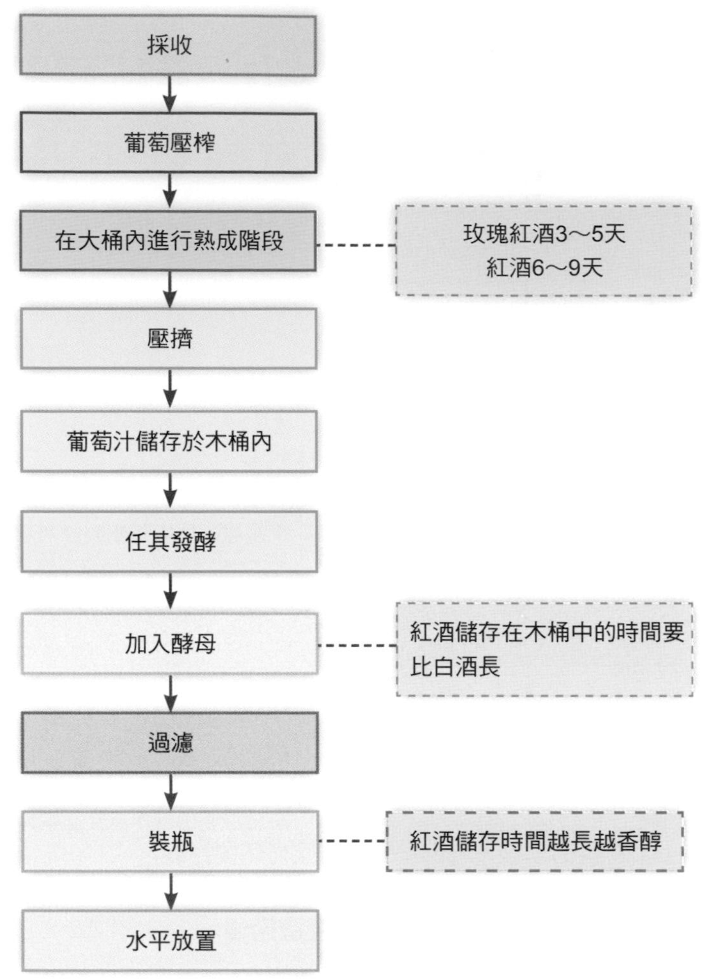

粉紅酒的製造過程

◆起泡葡萄酒

起泡葡萄酒是在發酵未完全終止時，加入糖和酵母之後即裝瓶，讓發酵過程在瓶中進行。因發酵時所產生的碳酸氣體一部分融於葡萄酒中，又稱為「二次發酵」。另一種會在瓶中灌入高壓碳酸氣體將氣體壓力保持在3.5個大氣壓以上。

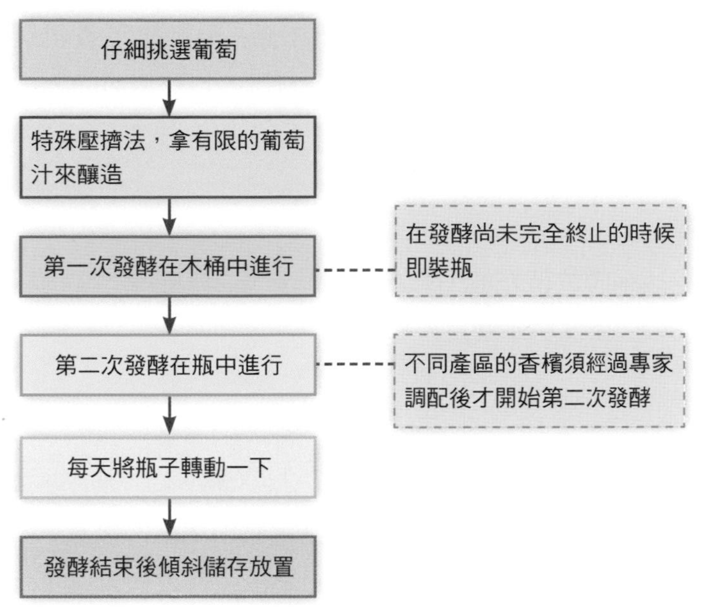

香檳的製造過程

所謂「香檳」（Champange），係指只有在法國香檳產區依規定的葡萄品種、釀造法所製成的氣泡酒才能被稱之。也就是說，香檳的定義比一般氣泡酒來得更為嚴謹。

◆強化（加烈）酒

在葡萄酒進行發酵至一半的時候，添加白蘭地或少部分的酒精，使其產生酒精的酵母菌死亡來停止發酵，而且可以使葡萄的糖分保留在酒裡。因為摻入了白蘭地，故酒精濃度也很強。此類型的酒有波特酒和雪莉酒。

◆加味葡萄酒

也稱為「香料葡萄酒」（Aromatized Wine），在葡萄發酵前後添加水果等自然香氣，提升葡萄酒香味。常見的有法國多寶

力酒（Dubonnet），是以葡萄酒加入奎寧皮等香料製成；苦艾酒（Vermouth），是以白酒加入苦艾草等香料浸漬而成。

(五)法國葡萄酒的介紹

法國是全世界最早訂定葡萄酒管制法的國家（1930年），將葡萄酒的分級制度明確制定。

◆法國葡萄酒的分級

1. 日常餐酒（Vin de Table）：日常餐酒是一種高產量、品質一般的酒，多半是自產自銷或供應歐洲地區的消費。屬於等級最低的一種葡萄酒，供消費者日常飲用，沒有產地、品種、耕種方式、產量與釀造方式等限制，只有規定酒精濃度需介於8.5～15%間，占全法國葡萄酒總產量的38%。
2. 地區餐酒（Vin de Pays）：中等品質，產量較少，以不同產區來評定品質好壞，多半是自製自銷，只有少部分外銷，在標籤上可標示產區名、年份、品種等資訊，所生產的葡萄酒必須標示來自限定產區、每公頃葡萄酒生量需低於9,000公升、酒精濃度須在9～9.5%以上，口感須經由品酒委員會的評定通過，是全國葡萄酒總產量的15%。
3. 優良產區葡萄酒VDQS（Vin Delimite de Qualite Superieure）：VDQS級的酒尚無法達到AOC級的品質，主要的消費是在法國。這等級與歐洲共同體對葡萄酒所訂定的最高級法定產區優質葡萄酒（AOVDQS），其品質測定標準相同。
4. 法定產區葡萄酒AOC（Appellation d'Origine Controlee）：AOC是需符合由INAO訂定的生長條件——限當地收成的葡萄、規定的葡萄品種、最低的酒精濃度、最高產量、培植方式、葡萄修

剪及釀酒方式、陳年條件等。是價格高、品質好的葡萄酒。

◆生產地介紹

1.波爾多：波爾多是全世界最著名的葡萄酒產區，位於法國西南部的吉隆特省。區域內多半採用卡本內—蘇維濃和梅洛兩大葡萄品種，也是五大AOC的指定地區。

2.勃根地：勃根地是法國代表的名釀地，位於法國北部。區域內多為單一品種釀造，以黑皮諾以及夏多內為主。

3.隆河谷地（Vallee du Rhone）：隆河谷地位於法國東南部隆河河谷流域周圍，是法國第二大產區。其中龍河谷地北部的羅第丘（Cote Rotie）和艾米達吉（Hermitage）是法國最古老的葡萄園。該產區葡萄品種以希哈和格那希（Grenache）為主。

4.羅亞爾河河谷（Vallee de la Loire）：羅亞爾河發源自法國中部

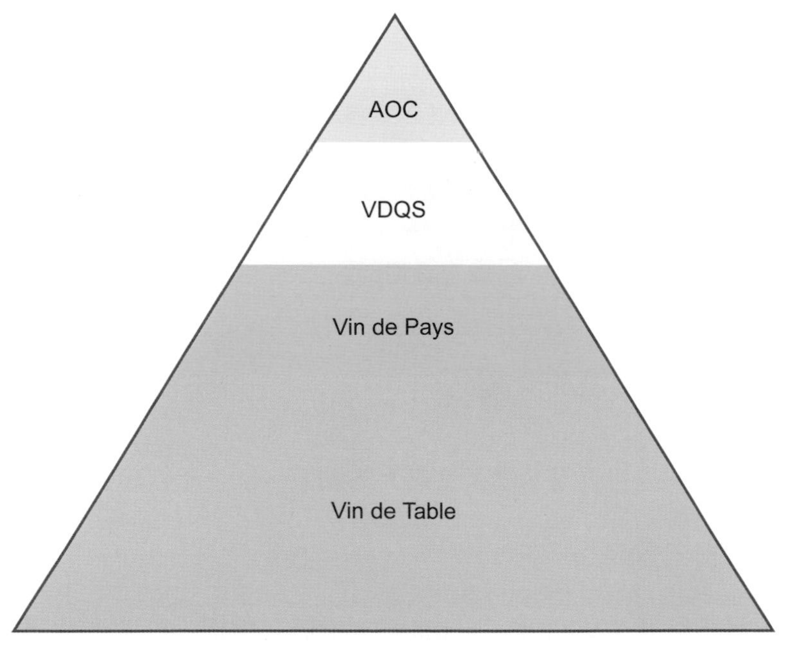

法國葡萄酒的分級

又稱為「法國的花園」，該產區葡萄酒種類豐富並且以白酒為主要產出項目，以白蘇維濃和卡本內佛朗（Cabernet Franc）兩大葡萄品種為主。

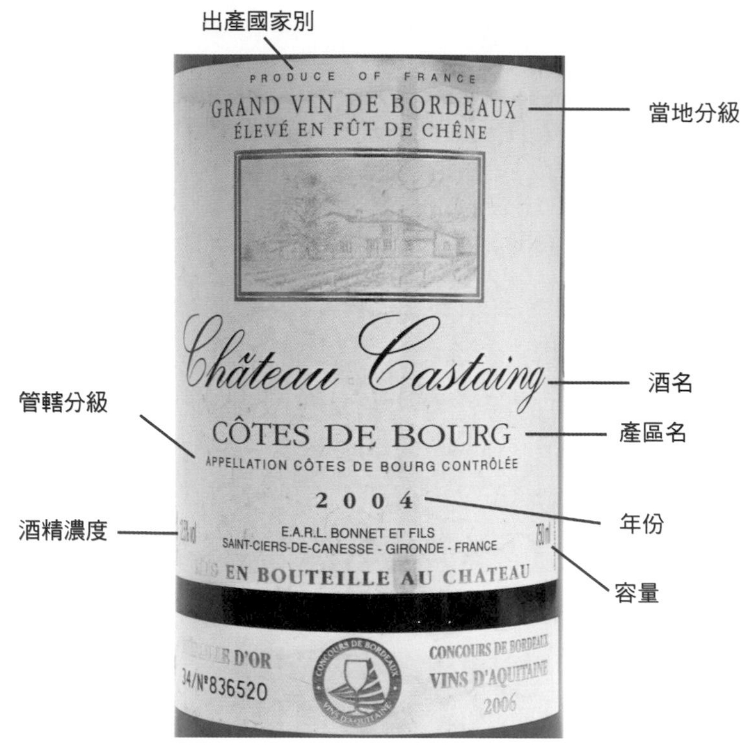

認識法國葡萄酒酒標

(六)義大利葡萄酒的介紹

義大利是全世界葡萄酒產量最大的國家，以生產紅葡萄酒為主。

◆義大利葡萄酒的分級

1.日常餐酒（Vino da Tavola）：不需在酒標上註明葡萄園的名稱、地址、葡萄品種、酒精含量等訊息。

2.地方特產葡萄酒IGT（Indicazione Geografica Tipica）：需在酒標上標示葡萄園的名稱、葡萄品種、含量及產地等訊息，相等於法國分級制度中的Vin de Pays。

3.法定產區葡萄酒DOC（Denominazione di Origine Controllata）：需在酒標上標示葡萄園的名稱、葡萄品種、含量及產地等訊息，相等於法國分級制度中的AOC。

4.法定產區認證葡萄酒DOCG（Denominazione di Origine Controllata e Garantita）：是義大利最高級的葡萄酒等級，受評鑑分級的葡萄酒必須是符合DOC的標準，取得此資格五年後才可以申請DOCG的鑑定。

常見的法國葡萄酒標籤用語解讀

標籤用語	說明
Appellation d'Origine Contrôlée	法定產區葡萄酒（AOC）
Blanc	白酒（Blanc de Blanc，指由白葡萄釀成的白酒）
Brut	香檳酒用語，意指未加工製造，酒中每公升糖分需低於15克才能有此標示（Extra Brut 則須低於每公升6公克）
Cave Coopérative	合作酒廠（製酒合作社）
Château	城堡酒莊
Demi-sec	半乾型葡萄酒，含少量糖分
Domaine	獨立酒莊
Grand Cru	特等葡萄園（最優良的葡萄園）或特等酒莊
Mise en bouteille au (du/de)...	在……裝瓶
Millésime	年份
Négociant	葡萄酒商（向葡萄農購買葡萄或已釀好的葡萄酒，經加工後再裝瓶出售）
Premier (1er) Cru	一等葡萄園，勃根地的分級（介於一般葡萄園和特等葡萄園之間）
Propriétaire récoltant	自己生產和釀造的葡萄農
Rosé	玫瑰紅酒
Sec	乾型葡萄酒，不含糖分
Vin	葡萄酒
Vin Doux Naturel	天然甜味之葡萄酒，發酵過程添加酒精停止發酵的甜酒

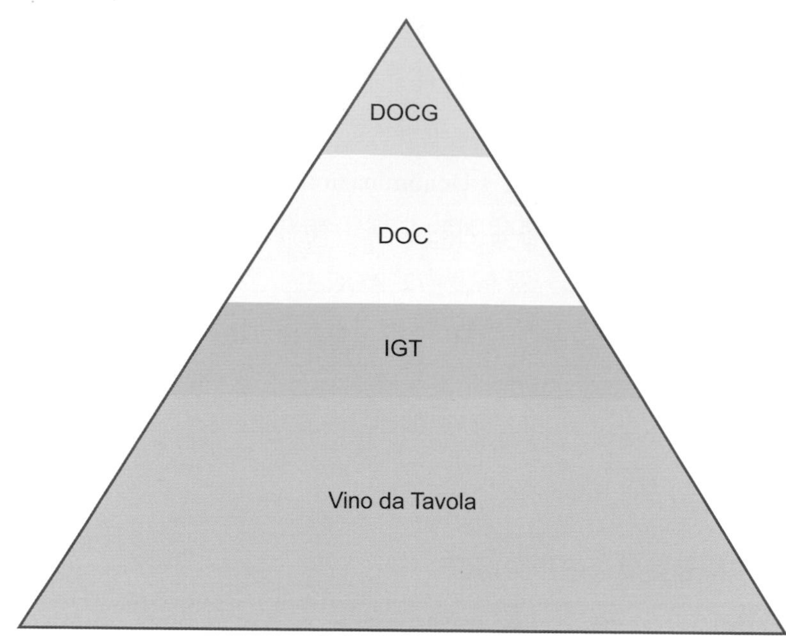

義大利葡萄酒的分級

認識義大利葡萄酒酒標

常見的義大利葡萄酒標籤用語解讀

標籤用語	說明
Riserva	表示酒是經過一段培養儲存的時間後上市，通常酒精濃度高，品質好
Classico	通常標示在產區名稱之後，表示產區內條件較好的葡萄園
Classico Superiore	表示葡萄是來自Classico產區，酒精含量高
Vigna、Vigneto	單一葡萄園
Fattoria、Tenuta、Podere	同時栽培葡萄並製酒的酒莊
Imbottigliato dal viticulture	酒農自行在酒莊內裝瓶的葡萄酒
Imbottigliato dalla cantina sociale	大型葡萄酒廠所釀製的葡萄酒
Secco	不甜
Asti	氣泡葡萄酒
Dolce	甜
Vino Blanco	白葡萄酒
Vino Rosato	玫瑰紅酒
Vino Tinto	紅酒

(七)德國葡萄酒的介紹

德國所生產的葡萄酒，以白葡萄酒的產量最大，約占全世界白葡萄酒產量的81～88%。加上地理位置處於北緯50度，氣候寒冷，日照短，因此釀造出的葡萄酒口感偏酸，無法生產出高品質的葡萄酒。

◆德國葡萄酒的分級

1.日常餐酒（Tafelwein）：葡萄的來源和釀造方式沒有限制，英文稱為Table Wine。

2.鄉村酒（Landwein）：採用成熟度較高的葡萄釀造，其風味與口感比Tafelwein更佳。酒質等同於法國分級制度的Vin de Pays，英文稱為Country Wine。

3.法定產區葡萄酒QbA（Qualitatswein bestimmter Anbaugebiete）：必須完全選擇特選十三個法定產區的葡萄釀造，而且需達到每公升有127克的天然糖分的標準。

4.特級法定產區認證葡萄酒QmP（Qualitatswein mit Pradikat）：是德國最高等級的葡萄酒，必須完全選擇特選十三個法定產區的葡萄釀造，而且需達到法定的成熟度和含糖量規範。另外還會依照含糖量的程度分別標示六種等級的名稱。

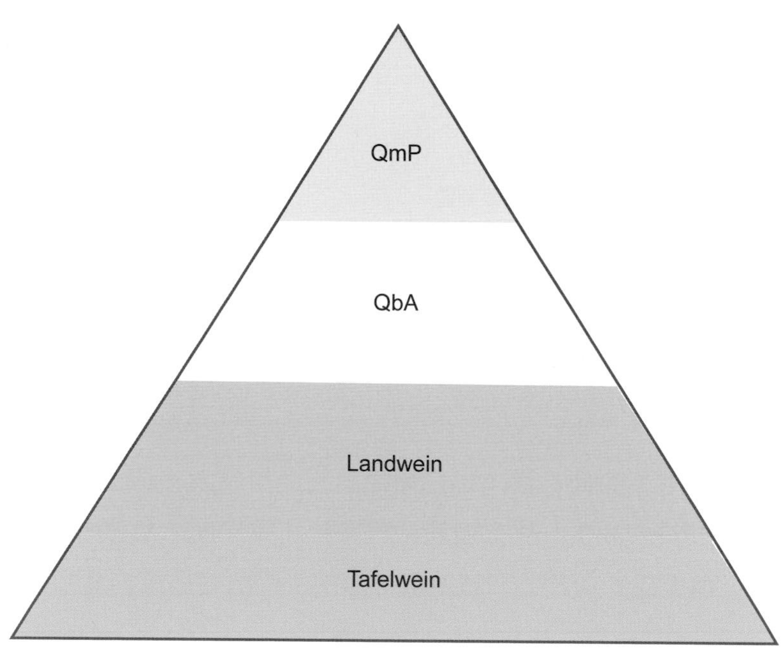

德國葡萄酒的分級

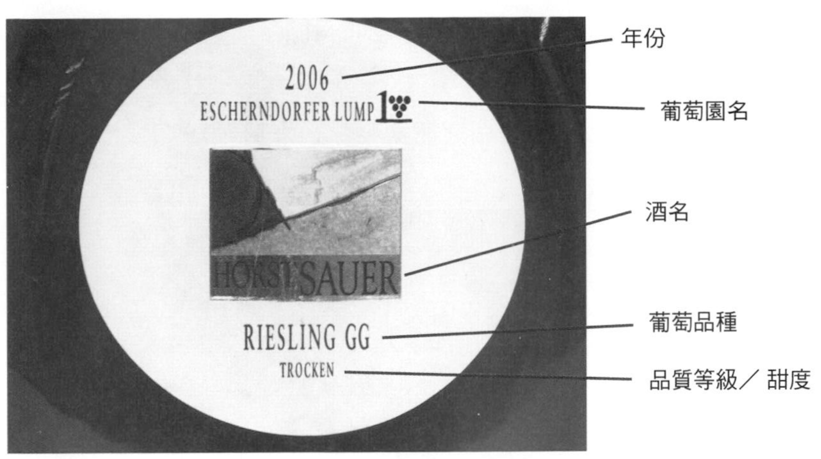

認識德國葡萄酒酒標

常見的德國葡萄酒標籤用語解讀

標籤用語	說明
Kabinett	酒精濃度7%以上
Spatlese	酒精濃度7%以上，使用熟度較高的葡萄（晚7天）釀造
Auslese	酒精濃度7%以上，使用熟度較高，糖度更高的葡萄釀造
Beerenauslese	酒精濃度在5.5%以上
Eiswein	酒精濃度在5.5%以上，必須使用結凍的葡萄所壓榨的葡萄汁釀造，亦是冰酒
Weingut	酒廠
Trocken	不甜
Halbtrocken	微甜
Rotwein	紅酒

(八)美國葡萄酒的介紹

美國加州在18世紀末才開始發展葡萄酒的產業，但已是目前葡萄酒市場最亮眼的產區。加州舊金山的納帕山谷（Napa Valley）以及索諾瑪谷（Sonoma Valley）是全世界知名的葡萄產區。1983年，美國菸酒與槍枝管制局訂定「美國葡萄酒產地規範」（American Viticultural

Area, AVA），對於葡萄酒釀造的地理與標示規範：必須要有85%的葡萄來自產區。

標示於標籤上的葡萄品種純度至少必須超過75%以上的含量。

認識美國葡萄酒酒標

(九)澳洲葡萄酒的介紹

澳洲葡萄酒的發展歷史雖然不長，但因生產技術不斷改良。現在已經成為全球第六大的葡萄生產國，酒體主要展現豐厚的花果與橡木的香氣。

葡萄園主要集中在南澳大利亞（South Australia）附近。根據澳洲政府訂定的「葡萄酒誠實標示計畫」（Label Integrity Program, LIP）規定：

1.標籤上必須標示葡萄品種名稱，而且必須超過85%以上。

2.標籤上如有標示葡萄酒產區者，必須含有該產區95%以上的葡萄。

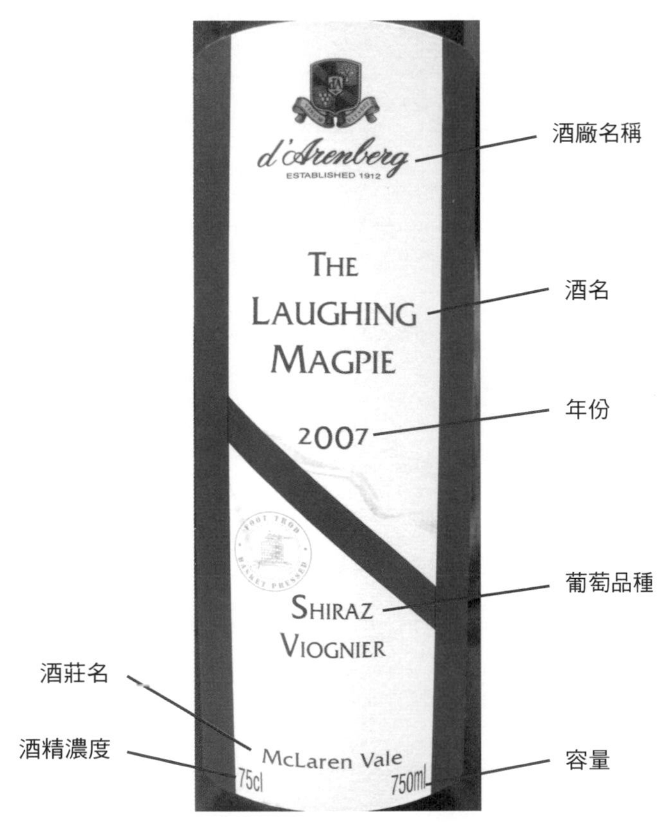

認識澳洲葡萄酒酒標

(十)葡萄酒的儲存方式

◆葡萄酒儲藏溫度

溫度與葡萄酒之間的密切關係，會間接與直接的影響到葡萄酒的風味與香氣。一般而言，紅酒的儲存溫度在15～18°C之間，白酒則在

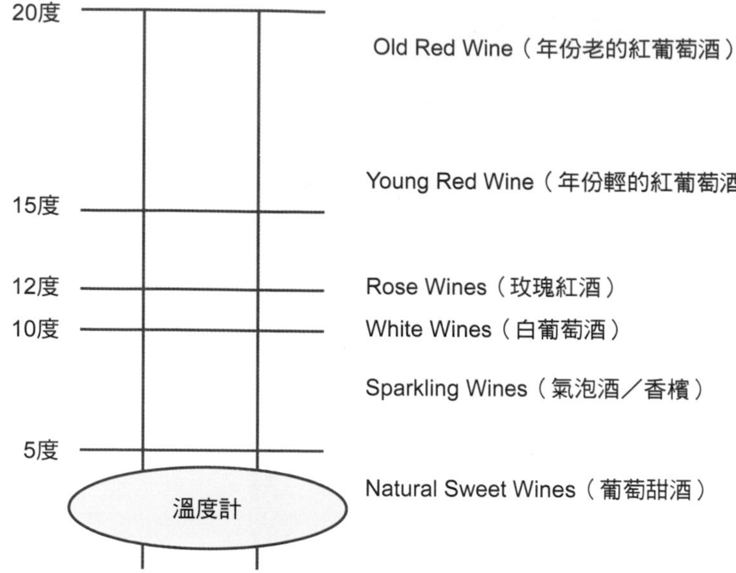

葡萄酒儲藏溫度

8～12°C之間，氣泡酒或香檳酒則需在7～8°C之間。帶有甜味的白酒因甜度較高，需要更低溫的儲存溫度，一般建議在4～6°C之間為宜。

◆葡萄酒的適度溼度

葡萄酒的溼度應該控制在65～75%之間，溼度過高易導致軟木塞發霉以及酒標毀損；溼度太低則會讓軟木塞硬化並使葡萄酒氧化。

◆避免陽光照射

葡萄酒存放時宜放在陰涼且通風的位置，日光中的紫外線照射易導致葡萄酒老化，因此葡萄酒瓶多半選擇深色的玻璃來製作，可以隔離部分的紫外線來減緩瓶中葡萄酒老化的程度。

◆避免搖晃震動

葡萄酒一旦經過晃動後，會使得瓶內葡萄酒中的鐵質與蛋白質分

離，且葡萄酒中的沉澱物也會隨著搖晃再次與酒體混合造成混濁，嚴重影響到酒的風味。因此平常在儲存時要輕放並且以45度角的方式向下放置，讓軟木塞濕潤膨脹以阻擋空氣進入酒瓶內造成變質。

◆開瓶後儘快飲用

葡萄酒瓶內的酵母仍是持續活動，一旦開瓶後空氣與酵母接觸即刻產生氧化作用影響口感與品質。一般理想狀態是最好於開瓶後兩天內飲用完畢，才能確保瓶內葡萄酒的品質。

(十一)葡萄酒的品嚐

◆觀（視覺）

品酒第一步是用眼睛觀察。觀察酒色前最好將酒放在白色背景前面（可放一張白紙），以自然光線來觀察。一般而言，越年輕的紅酒顏色越濃（紫紅色），陳年的紅酒酒體顏色則多半帶有褐色的感覺；白酒則是甜度越高顏色越金黃。

◆嗅（嗅覺）

在聞之前通常會先搖晃杯中的酒，使酒與空氣充分接觸讓香氣散發。將鼻子靠近杯緣深吸一口氣來感受酒的香氣。有經驗的品酒者，可以經由嗅酒的過程推判葡萄品種、產區等資訊。

◆飲（味覺）

人的舌頭有四個味覺區，舌尖對甜味最敏感，舌根對苦味敏感，兩側後段對酸度敏感，而兩側前段則對於鹹度敏感。當喝下的酒液經過舌尖開始會感受到酒的溫度、質感與風味等訊息。建議一次喝下的酒液不要過多，但要確定酒與舌頭的每一部分都接觸到。將酒含在嘴

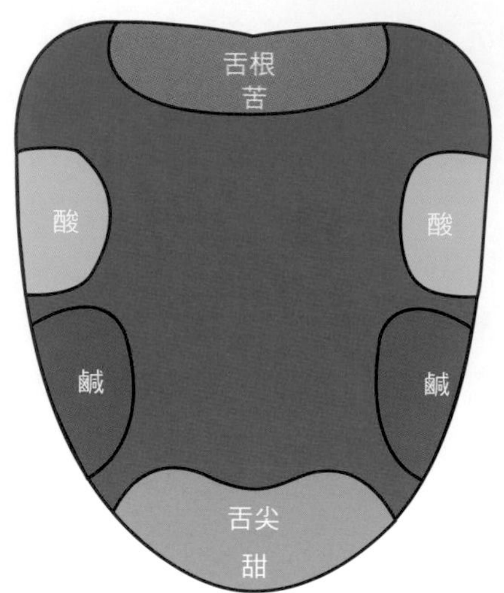

舌頭與味覺感受圖

裡，仔細的評鑑酒不同的氣味，並依個人的喜好將酒吞下或吐掉。在品嚐不一樣的酒時，要用純法國麵包和一杯水來清除殘留在嘴裡的味覺。

(十二)葡萄酒的服務技巧

◆點酒

由顧客自行選用或是由酒吧服務人員依顧客的需求推薦酒款。

◆驗酒

1.依照點單至酒庫取酒時，要先檢查酒標、年份是否正確，並且注意標籤與瓶蓋的完整性。

2.拿酒與開酒時要儘量平穩不要晃動（尤其是紅酒），且要保持正確的溫度。

3.服務人員站立於顧客的右側或右前方位置，一手以服務巾拖住酒瓶，另一手握住酒瓶瓶頸處將酒標朝向客人，說明酒的酒名、年份、產區、品種等資訊，靜待顧客確認。

開瓶前應請客人先閱讀酒標，確認酒名、年份等資訊無誤後再開瓶

◆調溫

1.酒庫儲存葡萄酒的溫度為10～12度，一般來說，紅酒適飲的溫度為15～18度左右，白酒適飲的溫度為5～13度左右。因此紅酒自酒庫拿出後可於室溫下靜置十五分鐘左右即可使酒瓶內的溫度回升；反之，白酒則需利用冰鎮的方式來降低溫度，通常會在冰桶內加入冰塊與水（約冰桶的三分之二），並加入少許鹽，可以減緩冰塊溶解的速度。一般來說，酒瓶置於裝有冰塊與水的冰桶中，每三分鐘可以降低1度的溫度。
2.調溫的過程只能利用酒瓶外的調節來調整酒體的溫度，切不可直接將酒體加熱或加入冰塊，這樣會嚴重影響酒體本身的口感與品質。

◆開瓶

1.開瓶前需以兩手傾斜扶拿酒瓶，酒標朝上，向主人或點酒的人確認。

2.以開瓶器的刀片將瓶口以左向右、反刀左向右兩次180°的方式切割開錫箔紙後除去（不可轉動酒瓶），先以乾淨的服務巾擦拭瓶口。

3.將開瓶器的旋轉刀對準木塞中心旋入後拔起，拔起時不得發出聲響，將拔起的軟木塞放置於白盤上以供客人檢視。

4.再用服務巾擦拭瓶口。

◆過酒

1.服務陳年紅酒時，務必要先執行「過酒」（Decant）的程序。

2.八至十年以上的紅酒因單寧酸多酚類的紅色素產生聚合作用而有沉澱物產生，這些沉澱物會影響酒體的口感，因此必須進行過酒的程序。

3.平穩而小心的拔起瓶塞，以免因搖動把沉澱物激起。

4.在酒瓶的肩部點一支蠟燭或放個燈泡，將酒輕輕的倒入一個清潔沒有氣味的過酒器（Decanter）。

5.服務人員左手持過酒器，右手持酒瓶並將酒頸置於燭火正上方，小心的將酒瓶內的酒倒入過酒器中。

6.當看到接近沉澱物時就停止。大部分在過酒器中的酒將會十分清淨。

◆試酒

1.由顧客（主人）來確定葡萄酒的品質與溫度是否無誤。

2.在酒杯中倒入約30～45cc.的葡萄酒，並由點酒的顧客來確認品質。

◆斟酒

1.服務人員立身站於顧客的右側，將酒標朝向顧客。

2.倒酒時酒瓶不可碰觸杯緣。

3.紅酒服務時每一杯以不高過紅酒杯的二分之一為宜；白酒則以不超過白酒杯三分之二為宜。

4.斟酒快結束時將酒瓶提轉瓶口15度，再以左手使用服務巾擦拭瓶口，防止瓶口的酒體滴落桌面。

◆葡萄酒服務順序

正確的葡萄酒的服務順序與技巧如下：

1.淡酒先，濃酒後。

2.不甜酒先，甜酒後。

3.新酒先，陳年酒後。

4.不甜白酒先，紅酒後。

5.女仕先斟，主人留待最後。

6.左側的賓客先斟，主人是最後一位。

七、啤酒

(一)啤酒的製造過程

啤酒是以大麥芽、蛇麻草（Hops）及無臭不含雜質的水為原料，又有液體麵包（Liquid Bread）之稱。

(二)啤酒的副原料

在於調整麥汁中的顏色、風味，使味道更為均衡。

1.歐洲系統啤酒：使用純麥為原料。
2.美國系統啤酒：添加玉米。
3.亞洲系統啤酒：添加米為原料，台灣啤酒則以蓬萊米製成。

(三)啤酒發酵方法

酵母菌的作用將麥芽的糖分分解成為酒精與二氧化碳，常見的啤酒發酵法有：

1.高溫發酵法（Top Fermented）：又稱表面發酵法，以超過20度的溫度來發酵，過程中酵母和泡沫會因高溫而浮在啤酒表層。目前英國的淡啤酒仍以此法發酵，不用冷藏即可飲用。
2.低溫發酵法（Bottom Fermented）：又稱為底部發酵法，發酵溫度低於5度，發酵結束時酵母往下沉澱而不易使雜質繁殖，品質穩定。是為目前最常使用的發酵法，常見的有德國啤酒（Pilsner）、台灣啤酒等，須於冷藏後飲用。
3.自然發酵法（Natural Fermented Beer）：此法不培養酵母菌，採用生長於空氣、水與土壤中的酵母菌，在20度的高溫中長時間自然發酵，味道較酸。目前比利時的拉比克（Lambic）就是此類發酵的代表。

啤酒的酒精含量約在4～8度左右，冰得太冷的啤酒會使氣泡消失，冷度不夠又會失去啤酒的風味，儲存溫度7～8度為最佳。

將烘乾的大麥芽磨碎
↓
與其他的穀類澱粉混合 ---- 如小麥和米
↓
糖化
↓
加入蛇麻草一同發酵
↓
送入儲存槽中冷藏 ---- 在零度以下冷藏兩個月，啤酒即慢慢成熟
↓
過濾
↓
裝瓶 ---- 此時的啤酒為生啤酒
↓
以適度的熱水予以沖淋 ---- 使其酵母停止作用易於久存，此酒便稱為熟啤酒

啤酒的製造過程

(四)啤酒過濾與加溫分類

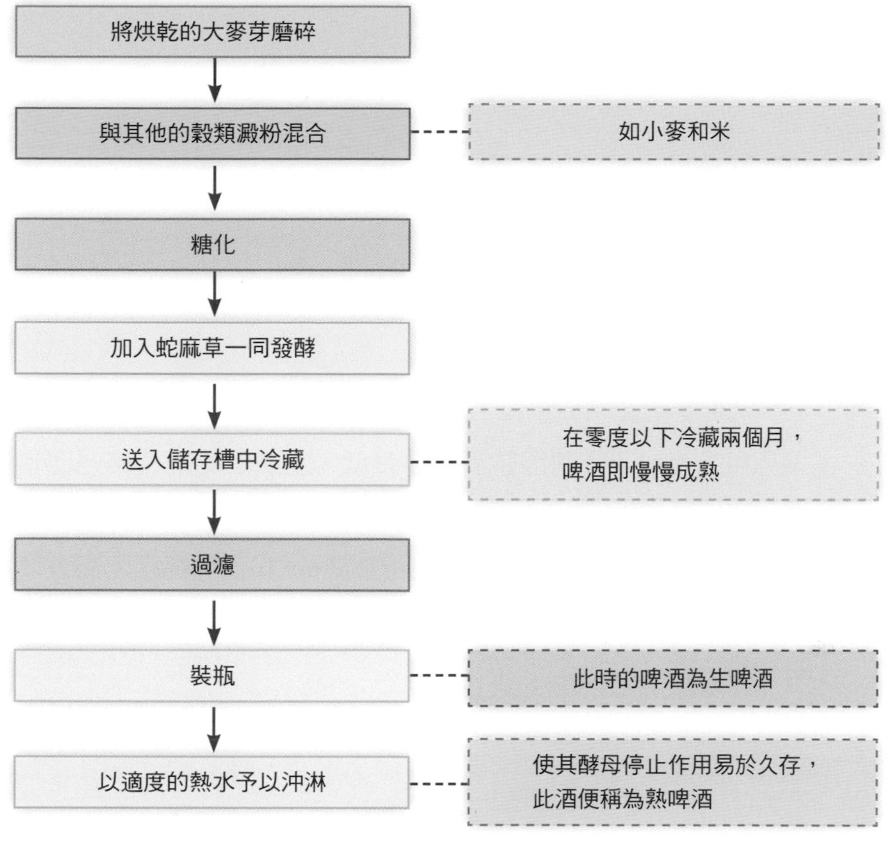

1.生啤酒：啤酒未經熱處理與過濾程序，味道鮮美可口。

2.鮮啤酒：啤酒已經有過濾程序，但未加熱處理，含活酵母於啤酒內，如台灣青島啤酒。

3.熟啤酒：啤酒已經過加熱與過濾程序，可常溫存運，保存期限長。

4.啤酒的成品顏色會因麥芽的溶解度與烘焙的乾燥程度而有影

響，大致可分為以下三大類：

(1)淡色啤酒：未經強熱烘焙，以淡色麥芽釀造的啤酒，口感清爽。

(2)深色啤酒：以淡色的麥芽混合烘焙度高的麥芽發酵而成，味道濃純而顏色深。

(3)一般啤酒：介於淡色和深色之間的啤酒。

(五)啤酒的儲存方式

1.避免陽光直射：啤酒因為酒精含量低，空氣中的細菌與熱源都會加速酒體氧化或變質。

2.保持適當溫度：啤酒的保存最佳溫度為6～10度，溫度太高會產生氧化作用造成酒體變質，溫度過低則會讓酒體變得混濁失去啤酒的芳香。

(六)啤酒的服務

啤酒的泡沫含有啤酒花的樹脂、蛋白質、碳水化合物及二氧化碳，德國人將泡沫稱為曇花，在啤酒頂層的泡沫稱為啤酒冠。在倒酒時杯子呈45度傾斜，將酒由「慢→快→慢」的原則緩慢倒入酒杯中（圖❶），至杯中酒體到達三分之二時，扶正酒杯快速將瓶中的啤酒倒入（圖❷）。以泡沫和啤酒的比例呈現3：7就是最佳的黃金比例（圖❸）。

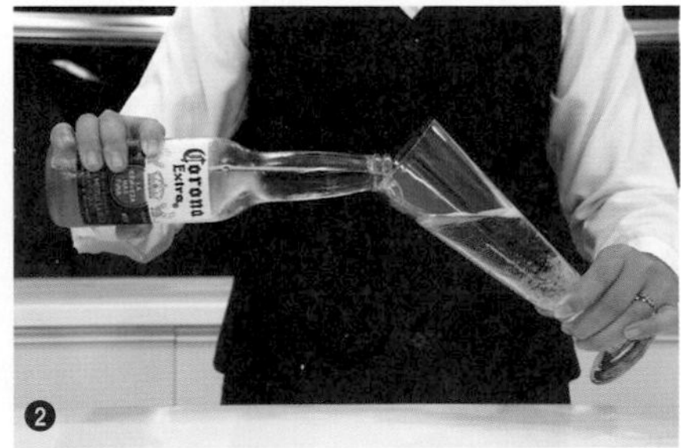

常見的啤酒品牌

名品	產地	酒精濃度
海尼根 Heineken	美國	5%
麒麟 Kirin Beer	日本	4.5%
百威 Budweiser Beer	美國	5%
嘉士伯 Carlsberg Beer	丹麥	5%
貝克 Beck's Beer	德國	4.7%
可樂娜 Corona Extra	墨西哥	4.6%
台灣啤酒 Taiwan Beer	台灣	4.5%
健力士 Guinness Beer	愛爾蘭	5%

八、基酒的介紹

(一)琴酒

琴酒是一種以杜松子與穀物為主的蒸餾酒，原是荷蘭百年前用做利尿、麻醉的外科藥。由於它有振奮作用，人們把它稀釋後就暢飲起來。它是以杜松子為原料，又稱之為杜松子酒。1660年荷蘭萊登大學希爾維思博士（Dr. Sylvius）將杜松子浸泡在酒精中，經由蒸餾後作為解熱劑，並於藥店販售。當時英國女王伊麗莎白一世派軍隊到荷蘭幫忙新教徒對抗西班牙和法國天主教徒時，英軍發現當地存有不少這類蒸餾酒，可用以保暖與解飢，並可加強戰鬥意志，隨後將其引入英國。荷蘭人稱之為Genever，英國人稱之為Hollands、Geneva或Gin，德國稱之為Wacholder，法國人稱為Genevieve。

琴酒無色透明，清香爽口，令人回味無窮，經常被拿來用作為調製雞尾酒的基酒，而有「雞尾酒的心臟」之稱。另外，因原料之故，也被稱為「杜松子酒」。和其他蒸餾酒一樣，主要來自75%玉米、15%大麥和10%的穀物類蒸餾而來。將這些原料以連續式蒸餾機製造出含有95度以上的酒精濃度蒸餾酒，加進植物性成分（杜松子）後，再用單式蒸餾機蒸餾以融合出各分子的香味。

琴酒

◆琴酒的製造過程

琴酒酒液無色、清高透明。酒精濃度約在40～60%，主要生產國家有英國、德國、荷蘭。

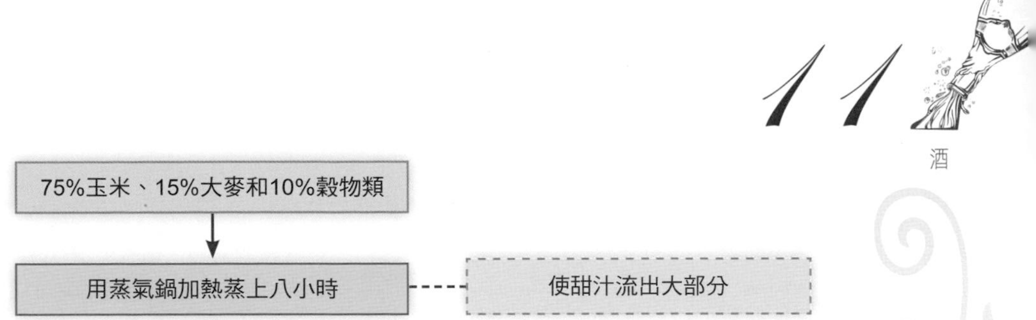

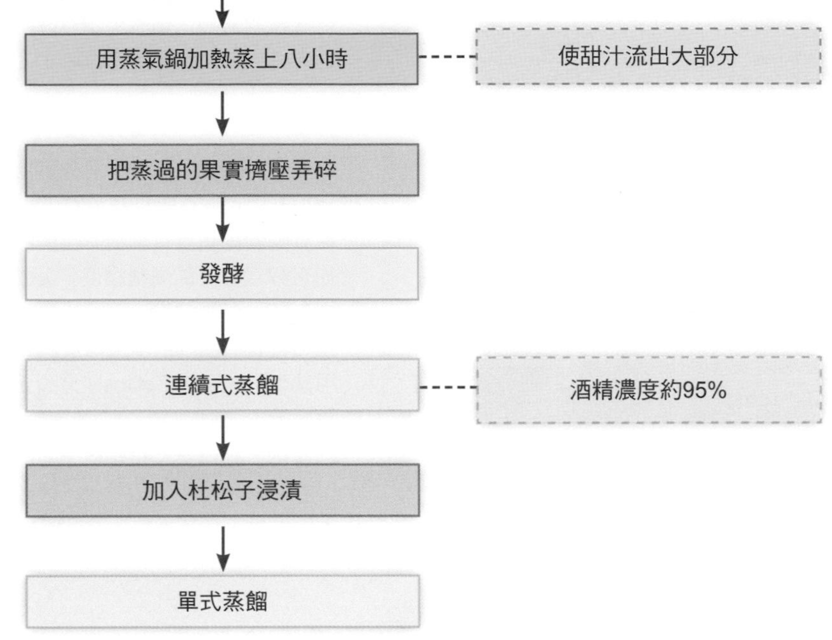

琴酒的製造過程

◆琴酒的飲用

在酒吧每份琴酒的標準用量多為25～30ml，相當適合加入果汁汽水飲用。傳統型荷式琴酒因酒體厚實香醇，多以冰鎮純飲的方式飲用。東印度群島則習慣在飲用前用苦精（Bitter）洗杯，注入荷式琴酒大口喝下後再喝一口冰水，具有開胃的功效。

(二)伏特加

伏特加一詞是由俄語的「生命之水」（Zhizennia Vtda）中的Voda（水）變化而來，在俄語中有水酒之意。歐盟（EU）對於伏特加所下

常見的琴酒品牌

名品	產地	酒精濃度	說明
波馬琴酒 Bokma	荷蘭	52～60%	色澤透明清亮，酒香與香料味突出，適合純飲。盛裝在漂亮的陶瓷瓶出售
漢斯琴酒 Henkes	荷蘭	52～60%	
蘇格蘭亨利爵士 Hendrick's Gin	蘇格蘭	41.4%	蒸餾原料除杜松子外，另外還加入了保加利亞玫瑰花瓣以及荷蘭小黃瓜
高登琴酒 Gordon's Gin	英國	40%	在英國和美國都有製造。英國的琴酒約有47度左右的酒精濃度，美國琴酒則為40～47度之間
老湯姆 Old Tom	英國	40%	是一種含有甜味的老品牌英國琴酒，用其來調配Tom Collins雞尾酒更顯獨特風味
英國英人牌琴酒 Beefeater	英國	40%	以穀物、杜松子及柑橘皮一同蒸餾，口感清新
英國龐貝藍鑽特級琴酒 Bombay Sapphire Gin	英國	40%	獨家使用十種草本植物混合調味

的定義為：由農作物製造的酒精，通過活性碳過濾，可去除刺激特性的蒸餾烈酒。

最早的伏特加生產於11世紀，莫斯科附近的小城Perisa的修道院修士和貴族王室生產。但直到13世紀才流傳整個俄國。18世紀末沙皇御用的化學師Theodore Lowit首先使用木炭過濾去除酒中殘渣，使伏特加更純淨順口。四十年後莫斯科的Smirnoff家族建立第一個伏特加品牌。伏特加真正流行於1940年代，緣於洛杉磯一位雜貨商為了出清庫存的薑汁汽水，使用伏特加

伏特加

加入少許檸檬汁及薑汁汽水，大受歡迎，因而聲名大噪，帶動了伏特加的銷售。其雖出自東歐，但近十幾年來已變成國際性的重要酒精飲料。Vodka在俄國以馬鈴薯提煉而成，於美國則以小麥等穀類蒸餾。蘇聯伏特加在釀造時將伏特加進行高純度的酒精提煉至95度，經兩次蒸餾精煉後注入白樺活性碳過濾槽中進行緩慢的過濾，使蒸餾液與活性碳分子充分接觸而淨化。

◆伏特加的製造過程

伏特加酒液無色、清高透明如晶體，除了酒香外幾乎沒有別的

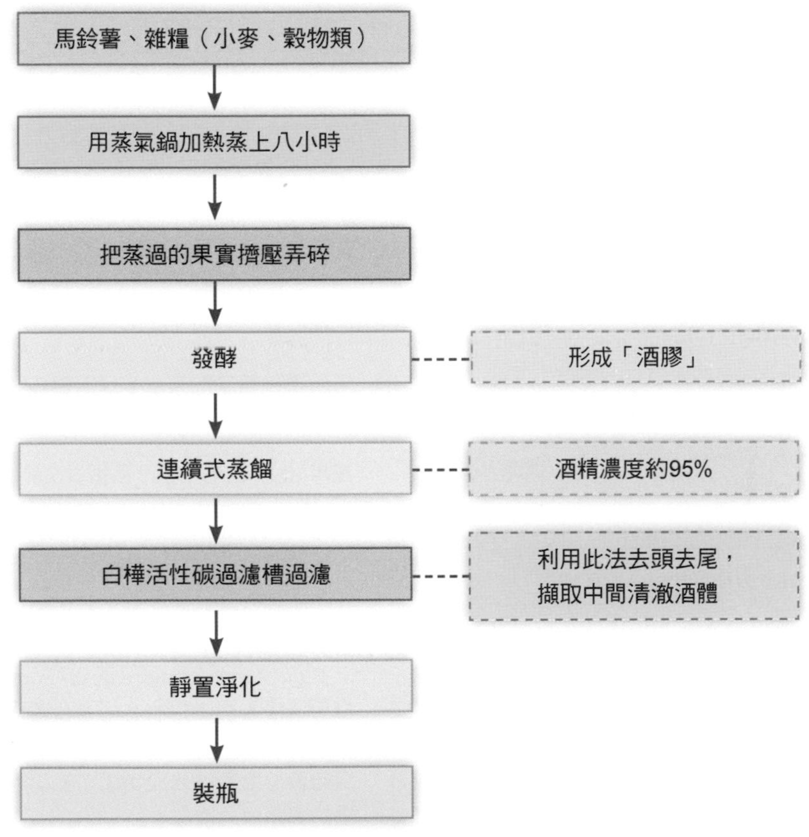

伏特加的製造過程

香味。酒精濃度約40～50%，主要生產國家有蘇聯、德國、波蘭、美國。

◆伏特加的飲用

伏特加酒的標準用量一般為每份40毫升，可選用利口杯或古典杯，作為佐餐酒或餐後酒。據說沙皇時代，俄國人飲用伏特加以一個非常小的酒杯呈裝冰透的伏特加，一飲而盡，然後奮力將酒杯擲向壁爐砸碎。因其為無臭無味又無香氣的酒，相當適合加入果汁汽水飲用。純飲伏特加時，最好將酒冰鎮過再飲用，風味更加獨特。目前，在東歐、北歐等國也有生產一些加味的伏特加，各有其獨特的風味，加上價格合理，讓伏特加一躍成為今日最時髦的烈酒。

常見的伏特加品牌

名品	產地	酒精濃度	說明
蘇托力 Stolichnaya	俄國	40%	由穀物蒸餾而成，多用於純飲使用，在英國被票選為最佳品牌
思美洛 Smirnoff	俄國	40%	被譽為世界上最純淨的水，坐擁全球第一的冠冕
芬蘭伏特加 Finlandia	芬蘭	40%	選用獨一無二的泉水，以四百年歷史的芬蘭傳統技術釀製
決對伏特加 Absolut	瑞典	40%	採用100%當地小麥，依循古法釀製
雪樹 Belvedere Cytrus Vodka	波蘭	40%	完全採用Dankowskie裸麥蒸餾而成，以波蘭總統官邸The Belvedere House作為瓶身的設計
波特世紀伯爵伏特加 Potocki Wo'dka	波蘭	40%	每年限量600瓶
艾絲芮德融合伏特加 X-rated Fusion	法國	17%	取自法國干邑區的泉水經過七次蒸餾而成，是現在時尚的代表酒款
晴空伏特加 SKYY Vodka	美國	40%	採用百分之百純水及美國西部純淨無汙染的穀類蒸餾而成

(三)蘭姆酒

蘭姆酒是一種帶有浪漫色彩的酒，亦有「海盜之酒」的雅號。據說，英國人在征服加勒比海大小島嶼的時候，最大的收穫是為英國帶來喝之不盡的蘭姆酒。蘭姆酒發祥於西印度群島，17世紀初，擁有蒸餾技術的英國人至小島利用當地盛產的甘蔗製造，當地土著初飲時因酒醉開心大叫Rumbullion，後者即使用字首Rum為其命名。

蘭姆酒是以甘蔗為原料製成的蒸餾酒，採用甘蔗汁熬煮後，分離出糖分的結晶，然後將剩餘的蜜糖用水稀釋再經發酵蒸餾即可得蘭姆酒。具有兩個極端的個性，一種是白色口感柔順，酒精濃度約35度，主要用來調製Daiquiri及其他相近的雞尾酒品；另一種則是深色，口味濃厚且酒精濃度可高達65度。近年來，白色蘭姆酒因其清淡的口味尤其受到年輕人的歡迎。根據種類不同，大致可分為五大類：

蘭姆酒

1.白蘭姆酒（White Rum）：又稱Agric-Rhum或Grappe，它是一種新鮮酒，將蜜糖充分發酵後，用連續式蒸餾法製成。無色透明，蔗糖香味清新口味甘潤醇厚，酒精濃度約55度左右。酒體淡薄味道嗆辣，多用於混合飲料使用。

2.淡蘭姆酒（Light Rum）：將蜜糖充分發酵後，用連續式蒸餾法製成，在釀製過程中提取非酒精物質的蘭姆酒，呈淡白色，香氣淡雅，適宜作為混合酒的基酒。

3.老蘭姆酒（Old Rum）：經過三年以上陳釀的酒，酒體呈橡木色，美麗而晶瑩，酒香濃純而優雅，比白蘭姆酒更富有風味，

酒精濃度介於40～43度。

4.傳統蘭姆酒（Traditional Rum / Medium Rum）：一種傳統型的蘭姆酒，酒液呈琥珀色，又稱琥珀蘭姆酒。甘蔗香味濃郁，介於清淡和濃烈蘭姆酒之間。製作方式有放置於橡木桶儲存三年以上或是利用調和的方式混合而成。

5.濃香蘭姆酒（Great Aroma Rum）：它是一種香味特別濃烈的蘭姆酒，酒精濃度約65度左右。

◆蘭姆酒的製造過程

蘭姆酒的主要產地有牙買加、古巴、海地、波多黎各等，酒精濃度40～70%。

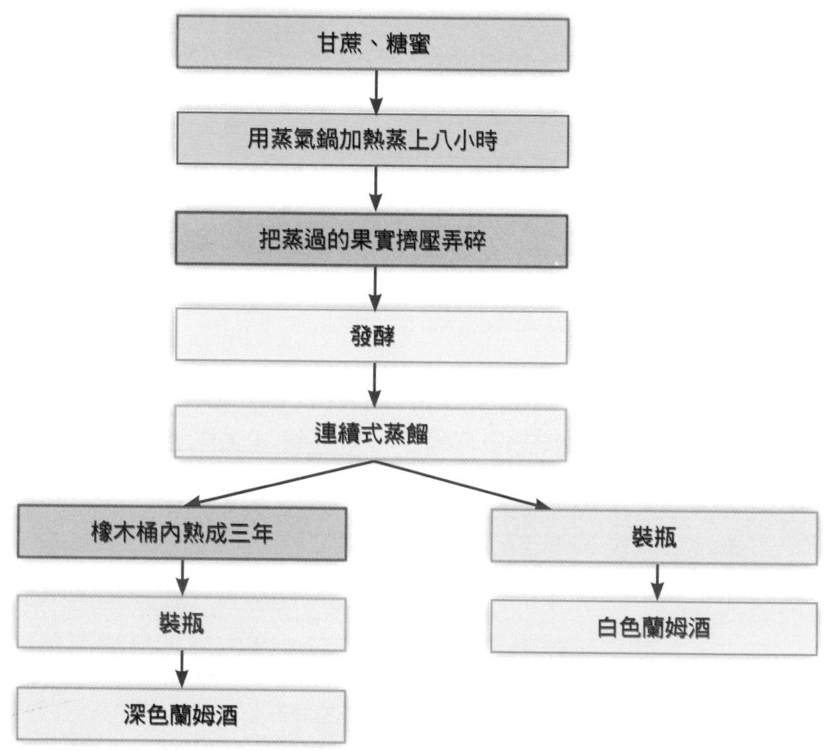

蘭姆酒的製造過程

◆蘭姆酒的飲用

蘭姆酒除了用為基酒外，也可直接飲用。在烹飪上用途也很廣，可用來製作甜點。標準用量一般為每份40毫升，可選用利口杯或古典杯，作為佐餐酒或餐後酒。因其為無臭無味又無香氣的酒，相當適合加入果汁汽水飲用。

常見的蘭姆酒品牌

名品	產地	酒精濃度	說明
摩根船長蘭姆酒 Captain Morgan Original Spiced Rum	英國	35%	帶有琥珀色的酒色與淡淡的蜂蜜香氣。 榮登全球蘭姆酒銷售第二的榮耀
百家得蘭姆酒 Bacardi Rum	古巴	40%	首創使用煤炭過濾法製造蘭姆酒
哈瓦那俱樂部 Havana Club	古巴	40%	酒體帶有濃厚的梅子與木桶香氣
邁爾斯蘭姆酒 Myer's	牙買加	40%	香濃的蔗糖香氣，多運用於雞尾酒調製使用，較少作為純飲

(四)龍舌蘭

龍舌蘭受到世人的喜愛是近年來的事情，原本只在墨西哥銷售，是當地主要的飲品之一，後來因「瑪格麗特」雞尾酒而聲名大噪，成為世界風行的基酒。

龍舌蘭源自阿茲特克人（Aztecs），他們釀造一種名叫Pulque的酒，並且衍生“Pulque is fine but it has nothing to do with Tequila”的神聖指標。原料來自Mezcal植物。它是石蒜科常綠多年草，有很多不同的品種。其中以哈利斯克州（Jalisco）的塔吉拉鎮（Tequila）栽培的Blue Agave是最佳的原料。故墨西哥政府明文規定，只有該地區所生產的特種龍舌蘭原料製成的酒，才可冠以Tequila銷售；以其他龍舌蘭

品種蒸餾出來的龍舌蘭酒則稱為Mezcal。

通常墨西哥以外的國家較少使用Mezcal，據墨西哥當地的傳說，飲用者將瓶中的龍舌蘭蟲與酒一起吞入，就是勇者的表現。

龍舌蘭是墨西哥的特產，這種龍舌蘭植物從萌芽到培育完成至少需要十至十二年才能成熟，然後從土中挖起後用水煮軟，再壓擠成汁使其糖分全流出來，然後將這些甜汁倒入發酵槽中發酵，發酵約兩日，即可進行粗餾和精餾，此時所得到的蒸餾液酒精度約45度左右。然後放入橡木桶陳釀，依時間不同可分成三大類：

龍舌蘭

1.無色龍舌蘭（White Tequila）：又稱銀色龍舌蘭，是透明無色的酒，有強烈的香味

2.金色龍舌蘭（Gold Tequila / Reposado）：又稱里波沙度龍舌蘭，由於蒸餾後放在橡木桶中儲存至少兩個月，但不超過一年。酒體呈現金黃色，含有淡淡的木材香味，酒精濃度40%。是墨西哥本土Tequila銷售的最大宗。

3.龍舌蘭阿涅荷（Tequila Anejo）：Anejo在西班牙文中是指陳年過的意思，依規定一定要在橡木桶至少儲存一年以上，是一種口味清淡的酒。具代表性的有Cuervo Tequila、Gusano Rojo Tequila。

◆龍舌蘭的製造過程

龍舌蘭的製造過程如下圖所示。

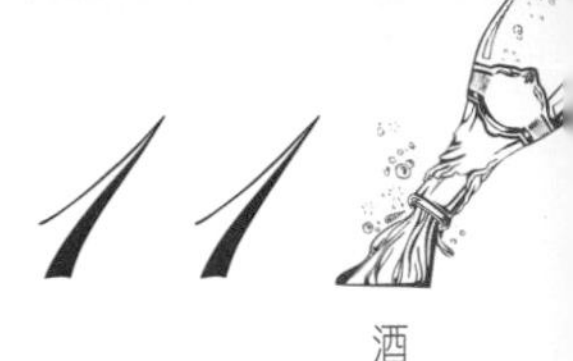

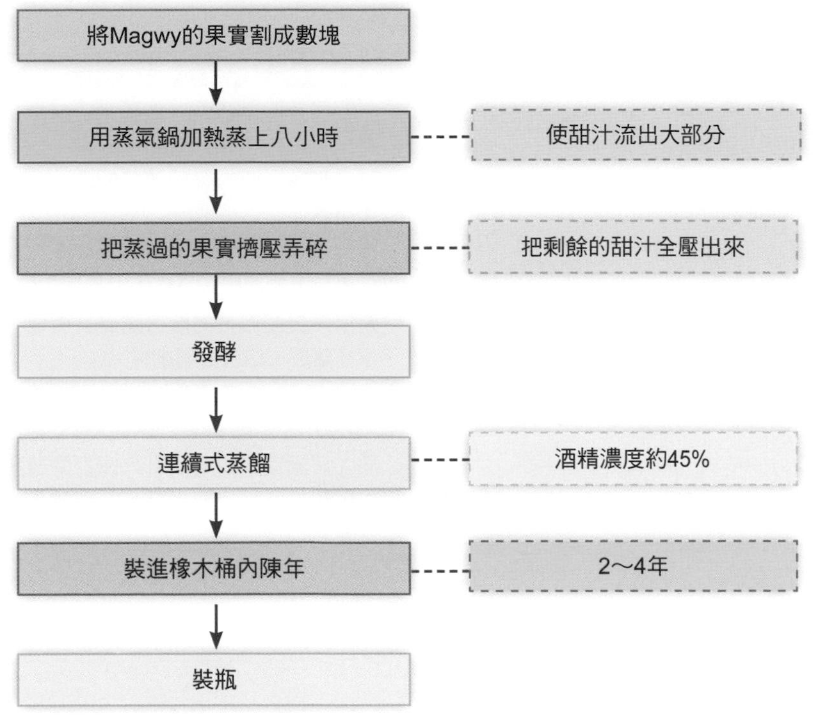

龍舌蘭的製造過程

◆龍舌蘭的飲用

傳統的龍舌蘭獨特喝法：

步驟①：張開手掌，掌心朝下在右手虎口先以檸檬片沾濕。

步驟②：將沾濕檸檬汁的虎口上再灑少許鹽。

步驟③：以拇指、食指夾柱檸檬角，食指與中指夾住一小杯龍舌蘭酒。

步驟④：飲用時，先舔虎口上的檸檬細鹽。

步驟⑤：再一口飲盡杯中的龍舌蘭。

步驟⑥：最後用力咬一口檸檬角。要一氣呵成，不要遲疑，就不會又鹹又辣又酸。

常見的龍舌蘭品牌

名品	產地	酒精濃度	說明
金快活龍舌蘭 Jose Cuervo	墨西哥	40%	萃取51%的Blue Agave精華，目前是全球龍舌蘭銷售的第一品牌
蒙地亞蘭 Monte Alban Mezcal	墨西哥	40%	味道辛辣，瓶內有1～5隻的Gusano Rojo（小蟲）
蒙地蘇瑪龍舌蘭 Montezuma Tequila	墨西哥	40%	採用烘烤的方式來製造的蒙地蘇瑪，瓶身外表有著象徵阿茲特克人世界觀圖騰
多朗哥龍舌蘭 Durango Tequila	墨西哥	40%	選用來自墨西哥的龍舌蘭釀製而成，經橡木桶熟成，口感圓潤細緻
唐胡里歐龍舌蘭 Don Julio Reposado Tequila	墨西哥	38%	只精選墨西哥境內洛斯拉圖斯（Los Altos）與哈利斯科（Jalisco）栽種的龍舌蘭。蒸餾完成的唐胡里歐龍舌蘭帶有巧克力、柑橘和梨子的香氣，又稱為「奢華龍舌蘭」

(五)白蘭地

白蘭地是一種以葡萄為原料，經發酵、蒸餾而成的烈酒。有些優質白蘭地也以蘋果、櫻桃、杏桃等為原料。

白蘭地最早出現在13世紀，當時以葡萄為原料生產白蘭地的地方位於法國西南部的干邑（Cognac）地區，鍊金術士大量使用蒸餾技術將釀造酒再次蒸餾成為「生命之水」（Eau de Vie）。從17世紀後半葉開始了大規模的商業化生產。干邑地區的人將葡萄經發酵、蒸餾出來的酒稱為Vinbrule，這是白蘭地一詞的起源。後來該地做生意的荷蘭人用荷蘭語將其翻譯為Brandewijn（Brande是指燃燒的意思，Wijn是指葡萄酒），並將

白蘭地

酒出口到了英國，英國人在此縮減為Brandy。

1701年，法國捲入了西班牙戰爭，法國生產的白蘭地銷路大減，酒體於是被儲存在橡木桶內，卻因此而使得酒質更醇、酒氣更香；自此開始，白蘭地酒體皆經由橡木桶裡熟成的程序。

◆白蘭地的製造方法

白蘭地的製造方法如下圖所示。

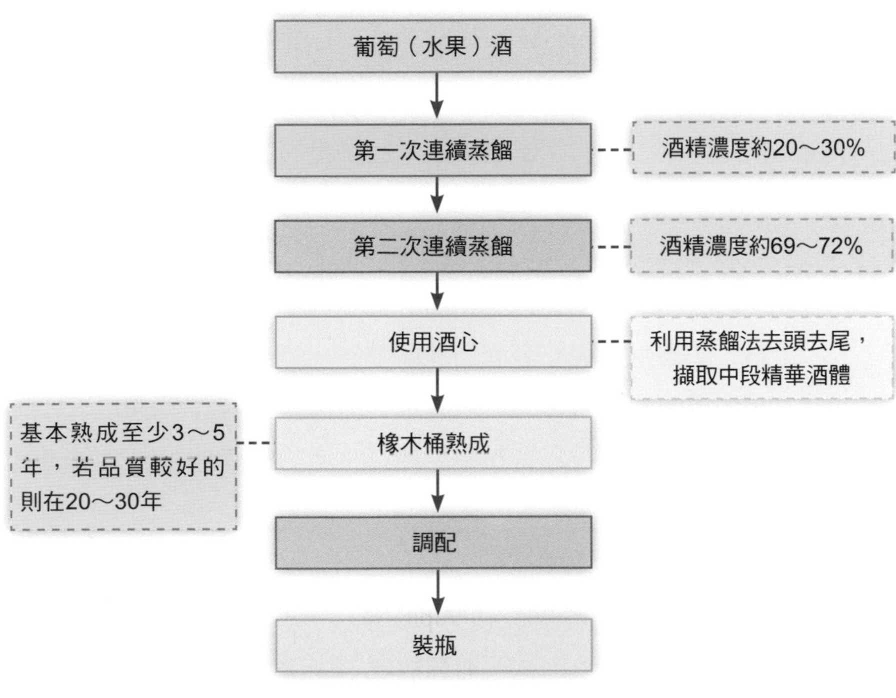

白蘭地的製造方法

◆白蘭地產區介紹

1.法國Brandy

(1)干邑白蘭地（Cognac）

法國西南部的干邑地區土質含白灰，葡萄酸度高，經釀造後口感柔順，生產的白蘭地品質最醇，被稱為「白蘭地之王」。干邑白蘭地所使用的橡木桶，木質以林茂山地區為最好。熟成過程當中，酒從橡木桶吸收單寧和香味，並透過緩慢的氧化過程，使酒質變得更完美，漸漸形成琥珀色。此一過程當中，會因桶內、桶外空氣的溫差而產生酒精揮發，此部分稱為「天使」的部分，每年蒸發量約2～3%左右。常見的干邑白蘭地多由陳酒和新酒調製而成，並添加蒸餾水以降低酒精濃度至40%左右才會上市。

在調製過程中，大都使用符號★★★或VSOP來註明新酒的熟成時間，1983年法國國立干邑事務局（BNG）對這些符號做了新的修正：干邑原酒必須在葡萄收穫後的第二年3月底之前蒸餾完畢。從第二年的4月1日開始計算熟成年，桶裝原酒的陳釀期為0，下一年的4月1日開始變更為1，以後逐年推移。法國生產國家名酒的地區限制，是由國家立法機關正式確定後由政府公布的，並有專門機構監督執行，1909年5月1日法國頒布了「只有在干邑地區生產的白蘭地才能稱為國家名酒，並受到國家的保護」。

干邑白蘭地的產區主要可以分為六個小區：

①大香檳區（Grande Champagne）：此區微軟質白堊與黏土混合的土壤，出產的葡萄能釀製出濃醇的酒香、口感豐富的白蘭地，但熟成所需的時間較長。所釀造出的白蘭地經法國政府評選為六區的極品。

②小香檳區（Petite Champagne）：釀出的白蘭地酒質與大香檳區近似，但酒質較為平和。如果使用50%以上的大香檳區的葡萄再加以混合小香檳區的葡萄所釀造的白蘭地，則多以冠上Petite Champagne的說明。

③邊林區（Borderies）：位處於香檳區與上等林木區的交界，所生產的葡萄甜度較高，酒體黏度大、口感豐醇，熟成時間更短一些。

④上等林木區（Fins Bois）：此區屬硬質白堊土，所釀造的白蘭地熟成期較短，釀出的酒口感清新。

⑤良質林木區（Bons Bois）：酒質稀薄，一般不用它釀製高級品。

⑥普通林木區（Bois Ordinaires）：一般不用於釀製高級品酒，大都用來釀製食用的配酒。

(2)雅馬邑白蘭地（Armagnac Brandy）

亦稱為「雅文邑」，也是位於法國的西南部生產白蘭地最古老的產地，與干邑地區的白蘭地聞名全世界。雅馬邑以生產深色白蘭地為主，酒體呈現琥珀色，大體上它比干邑白蘭地口感更加濃郁與剛烈，並帶有一種近乎杏仁的香味。經橡木桶陳年熟成，以取得單寧和香味，增進酒質，最後再將不同酒齡及產地的酒加以調配，添加蒸餾水降低酒精濃度至40%再裝瓶。　般雅馬邑產區可分為：

①下雅文邑區（Bas Armagnac）：此區是雅馬邑位置最好的一區，生產的白蘭地帶有淡淡的莓果清香。

②特納雷澤（Armagnac Tenareze）：此區釀造出的白蘭地味道渾厚剛烈。

③上雅文邑區（Haut Armagnac）：此區栽植出的葡萄多半用作釀造葡萄酒，只有少部分作為釀造白蘭地之用。

(3)法國白蘭地（French Brandy）

法國其他白蘭地產區，不符合標示干邑及雅馬邑兩品牌者，統稱為法國白蘭地。

(4)其他白蘭地

①水果白蘭地（Fruit Brandy）：用葡萄以外的水果為原料，主要產於法國、德國、瑞士等地。水果白蘭地常見的水果有櫻桃、西洋梨、蘋果等。將水果加以發酵，再經蒸餾而成。大部分的水果白蘭地並不陳年，都是將酒直接裝瓶。酒精濃度約在40～45%左右。

②殘渣白蘭地（Marc）：也可稱為「渣釀白蘭地」，是上等葡萄酒在釀製後，將剩餘的葡萄渣置於密封酒槽中發酵與壓榨數日，以取得特有的芳香。經過蒸餾後可得到52～71%酒精濃度的酒。主要產地在法國的勃根地等地區與義大利。

2.美國

美國加州是主要白蘭地生產地區，採用連續蒸餾方式並放置在白色橡木桶熟成兩年後飲用。大致上美國白蘭地的酒體色澤較淡，味道也較法國白蘭地清淡，但生產數量卻遠比法國白蘭地多，酒精濃度約40%。

◆白蘭地儲存年份標示分辨

★★★	三星	代表5～8年
★★★★	四星	代表8～10年
★★★★★	五星	代表10～12年
V.O		代表12～15年
V.V.O		代表15～18年
V.S.O		代表18～20年
V.S.O.P		代表25～35年
X.O		代表45年
Extra		代表75年
Napoleon		年數不詳

◆白蘭地年份標示

白蘭地由不同熟成年份的白蘭地混合調製，其使用★★★或英文V.S.O.P來註明熟成時間。

符號	代表意義	符號	代表意義
E	（Especial）特級	F	（Fine）好
V	（Very）非常好	S	（Superior）高級
O	（Old）老、陳年	P	（Pale）淡色
X	（Extra）特醇	C	（Cognac）干邑
A	（Armagnac）雅馬邑		

干邑白蘭地與雅馬邑白蘭地熟成標示

	干邑白蘭地	雅馬邑白蘭地
V.S /★★★ (Very Special)	至少陳年2.5年	至少陳年2年
V.S.O.P/ Reserve (Very Superior Old Pale)	至少陳年4.5年以上 平均熟成4.5～6.5年	陳年時間不得少於4.5年 平均熟成5年以上
V.V.S.O.P/Grand Reserve	至少陳年5.5年以上 平均熟成20～40年	
X.O/Hors d'Age (Extra Old)	至少陳年6.5年以上	陳年時間不得少於5.5年 平均熟成6年以上
Vintage	沒有特定年份，是酒廠特調的老酒	蒸餾年份、產品不與其他年份蒸餾酒混合

◆白蘭地的飲用

1.觀色：觀看白蘭地的顏色，上乘的白蘭地顏色應呈現金黃色，晶瑩剔透。

2.聞香：法國干邑白蘭地素有「可喝之香水」的美稱。利用窄口杯的設計讓酒的香味儘量長時間的留在杯內，運用手掌托杯的溫度使杯內的白蘭地稍加溫，易於香味散發。

3.嚐味：第一口不要喝太多，白蘭地沿著舌尖經過整個舌頭後進入喉嚨。通過舌頭上不同的味感區，可感受到醇香的酒味；第

二口可多喝些，感受溫暖沒有強烈刺激以及葡萄發酵橡木形成的酒香味。

常見的白蘭地品牌

名品	產地	酒精濃度	說明
軒尼詩干邑白蘭地 Hennessy	法國	40%	採用干邑區上等白葡萄為原料，並與十多種百年以上的白蘭地調和。口感清香略帶丁香與胡椒的氣味
路易老爺白蘭地 Louis Royer	法國	53%	是白蘭地界中的高雅象徵代表
馬爹利 Martell	法國	40%	歷史最悠久的白蘭地酒廠
人頭馬干邑白蘭地 Remy Martin	法國	40%	選用大小香檳區的葡萄並依循古法釀製
拿破崙干邑白蘭地 Courvoisier XO Imperial	法國	40%	選用大小香檳區的葡萄釀製。水滴狀的外型瓶展現了完整的王者氣勢

(六)威士忌

威士忌最早發源於愛爾蘭，以大麥、玉米、裸麥等穀料為原料，經發酵、蒸餾之後，在橡木桶中熟成的酒。威士忌放入橡木桶儲存，熟成之前是無色透明的液體，在橡木桶內熟成期間，由於橡木桶木材色素和香味逐漸滲入酒中，於是形成威士忌特有的琥珀色及香味。一般須在橡木桶熟成至少三年以上。

威士忌

◆威士忌的製造過程

威士忌是從英文Whisky或Whiskey直譯過來的，如果用Whisky，是指蘇格蘭威士忌；如果用Whiskey，則是指美國或愛爾蘭威士忌。

以蒸餾法而言，可分為兩種：

1.單一蒸餾法：將酒加熱，使蒸發的液體上升。預冷冷卻後流出，即為新的威士忌。缺點是無法製作出高酒精濃度的威士忌，蘇格蘭純麥威士忌就是以此法製成。

2.連續蒸餾法：利用一種分成二至三層的高大柱體，當中設有無數過濾調節板。當酒預熱上升至頂部，再濺落至底部調節板，蒸氣由底部上升至上層調節板，如此反覆蒸餾而成。此法能製造出酒精濃度較高的威士忌，美國威士忌即以此法製成。

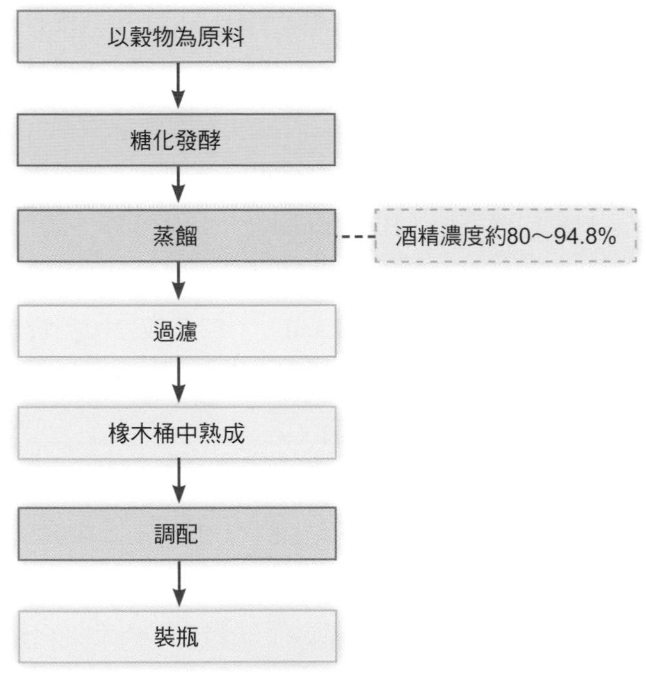

威士忌的製造過程

◆威士忌的分類

1.蘇格蘭威士忌（Scotch Whisky）：位於英國不列顛島北部的蘇格蘭是威士忌的產地，以種類和品牌多而聞名。以穀類、水及酵母為原料，經發酵、蒸餾再經儲存熟成的一種蒸餾酒。

最早的蘇格蘭威士忌並無陳年過程，在18～19世紀時，因政府苛稅而使得製酒業者逃入深山，開始使用泥煤為燃料，並使用西班牙舊的雪莉酒桶，儲存一時無法賣出的蒸餾酒，卻陰錯陽差的產生風味絕佳的雪莉酒桶風味。

蘇格蘭威士忌依釀造方式不同，可分為三大類：

(1)純麥威士忌（Malt Whisky）：此種威士忌是以在露天泥煤上烘烤的大麥芽為原料，用罐式蒸餾器蒸餾後，裝入特製木桶中陳釀。此酒煙燻味濃重。陳釀五年以上的酒可以飲用，陳釀七至八年為成品酒，陳釀十五至二十年為優質酒。

①單一麥芽威士忌（Single Malt）：單一指的是使用單一蒸餾法生產的麥芽威士忌，同一酒廠或產區，不同年份混和。單一麥芽威士忌大都產自下列地區的蒸餾廠：

- 蘇格蘭高地（High Land）：口味辛辣、強而有勁，帶有濃郁的泥煤香味。
- 蘇格蘭低地（Low Land）：口感較差，品質也較差。
- 蘇格蘭艾雷島（Islay）：靠近海洋的關係，故被稱為帶有海藻風味的威士忌。
- 康貝爾鎮（Campbeltown）。

②純麥芽威士忌（Pure Malt）：取自不同酒廠、不同產區及不同年份調配混和而成的酒。

(2)穀物威士忌（Grain Whisky）：以80%的玉米和20%大麥麥芽一次蒸餾而成，口感方面則較柔順細緻，酒精濃度較高。

(3)調配威士忌（Blended Scotch Whisky）：一般蘇格蘭的調配威士忌都是採用蘇格蘭高地所產的「麥芽威士忌」為基酒，再加上低地或艾雷島所產麥芽威士忌及穀物威士忌。調配的比例依每家酒廠的技術及傳統而定。如果威士忌酒當中，加了任何穀物威士忌，甚至只有微量，都被稱為「調配威士忌」；如要被稱為Scotch Whisky則表示該種酒必須在蘇格蘭橡木桶最少陳釀三年以上，酒精濃度約在40～43%之間。

2.愛爾蘭威士忌（Irish Whisky）：遠在西元1171年，英格蘭王亨利二世率軍隊攻進愛爾蘭時，即發現當地人已飲用大麥製成稱為「生命之水」的蒸餾酒。愛爾蘭威士忌是用大麥（80%）、小麥、玉米等原料釀造而成，經三次蒸餾入桶陳釀，一般需要八至十五年，裝瓶時不混和摻水稀釋。因原料不用泥煤烘烤，所以沒有焦香味，口感清爽。風靡世界的愛爾蘭咖啡就是以此威士忌為基酒調配而成的。

3.美國威士忌（American Whiskey）：美國蒸餾酒自17世紀由歐洲移民所引進來的技術。主要以玉米搭配其他穀物，再以不含其他礦物質的石灰泉水精釀而成。酒精濃度約在40～43度。一般可分為：

(1)純威士忌：使用玉米、裸麥、大麥與小麥為原料，並在橡木桶內儲存兩年以上。依原料的不同可分為：

①波本威士忌（Bourbon Whiskey）：原料中玉米占有51%以上，需置於內側烤焦的新木桶中熟成。呈琥珀色，口感圓潤帶甜味。酒精濃度須在40～62.5度（源自美國肯塔基州的Bourbon地區，由法國的移民為懷念原法國的波本王朝而命名）。

②裸麥威士忌（Rye Whiskey）：以裸麥為主要原料，占51%以上，呈現琥珀色，口味比波本濃厚。

③玉米威士忌（Corn Whiskey）：原料中玉米成分達80%以上，無須儲存橡木桶的限制。

④田納西威士忌（Tennessee Whiskey）：原料與波本威士忌相同，不同的只是該威士忌必須使用田納西州所生產的糖楓木炭加以緩慢過濾後，再以橡木桶熟成。

(2)調和威士忌（Blend Whiskey）：調和一種或數種純威士忌和中性蒸餾酒而成，至少含波本純裸麥20%以上的純威士忌，其餘80%可加入任何蒸餾酒均可。裝瓶濃度不得低於40度（美國威士忌的陳年標示以Straight→在烤焦的橡木桶中陳兩年以上的熟度）。

4.加拿大威士忌（Canadian Whisky）：加拿大威士忌在世界四大威士忌中，口感最為輕快和溫和。屬於調配威士忌的一種，以玉米為原料。多半可搭配薑汁汽水、檸檬汁等方式飲用，更是著名威士忌酸酒的重要基酒。加拿大的威士忌應至少在橡木桶當中陳兩年以上。種類主要有下列幾種：

(1)調配威士忌：調配的原料以裸麥、大麥芽為主，須熟成三年以上。

(2)基酒威士忌：原料以玉米為主，須熟成三年以上。

(3)裸麥威士忌：原料以裸麥為主，材料有51%以上使用裸麥，並在酒標上會註明裸麥威士忌。

(4)混合威士忌：原料有裸麥、大麥芽、玉米等。將調味的威士忌及基酒威士忌按不同比例調配而成。

◆威士忌的飲用

1.觀色：觀看威士忌的顏色，因為威士忌的顏色取決於釀酒當下因橡木桶、溫度等因素所產生的色澤。將酒杯放在光線處觀察威士忌酒體是否呈現琥珀般晶瑩剔透的色澤。

2.聞香：將威士忌酒杯湊近鼻子，享受散發出來的酒香氣味。

3.嚐味：在酒入喉前應先將酒杯晃動幫助酒氣揮發，品嚐時第一口以慢慢啜飲的方式，將酒氣充滿口腔內，威士忌沿著舌尖經過整個舌頭後進入喉嚨。通過舌頭上不同的味感區，可感受到醇香的酒味。

常見的威士忌品牌

名品	產地	酒精濃度	說明
麥卡倫 Macallan	蘇格蘭	40%	採用珍貴的麥種Golden Promise來釀製，以古法蒸餾不含任何人工添加物，擁有「純麥威士忌中的勞斯萊斯」之稱
格蘭菲迪 Glenfiddich Whiskey	蘇格蘭	40%	以獨特的三角形外瓶行銷全世界，每個過程中遵循固有的傳統採用頂級大麥和Robbie Dhu Springs的潔淨泉水來製造
尊美醇 Jameson Irish Whiskey	愛爾蘭	43%	製作過程中以石灰代替泥煤，口感較為清淡溫和
野火雞威士忌 Wild Turkey Bourbon Whiskey	美國	50.5%	使用超過51%的玉米為原料和其他穀物威士忌調和，酒體帶有焦糖的芬芳
傑克丹尼田納西威士忌 Jack Daniel's Tennessee Whiskey	美國	40%	採用獨特之酸麥芽漿發酵法搭配傳統的蒸餾器，以糖峰木炭過濾法調製而成
加拿大會所 Canadian Club Whisky	加拿大	40%	以調味威士忌和基礎威士忌依照不同比例調和而成，中和了威士忌辛辣的口感
三得利威士忌 Suntory Whisky	日本	40%	使用山崎蒸餾廠的波本桶原酒和中度焙燒穀類原酒調和而成

(七)香甜酒的介紹

Liqueur本是拉丁語，原意解釋為溶解之意。香甜酒最早來自中世紀，由鍊金術士發現釀造蒸餾酒的技法，當時稱為「生命之水」。香甜酒的釀造方法主要在蒸餾酒或少數的釀造酒當中，再以蒸餾、浸漬等方法加入各種材料，如各種藥草、香料、水果、蜂蜜、咖啡、雞蛋等材料，所製成相當獨特口味的酒。經蒸餾法、精萃法、浸漬法等混製而成。酒精濃度需於16%以上，糖漿含量至少在2.5%以上。

◆藥草、香料類的香甜酒

1. 班尼狄克汀香甜酒（Benedictine DOM）：被稱為法國百益香甜酒，以干邑白蘭地為基酒，再用山艾草、生薑、薄荷、丁香、肉桂等植物提煉，經兩次蒸餾和兩年陳釀後而成。酒色成琥珀色，濃度高達40%。

藥草、香料類香甜酒

2. 義大利香草酒（Galliano）：稱為加里安諾香甜酒，產自義大利，瓶身呈黃色細長型，Arturo Vaccari選用四十餘種來自阿爾卑斯山及地中海的藥草、香料精心蒸餾調配而成，是以一位勇將Galliano命名。
3. 沙特勒茲酒（Chartreuse）：由法國修道院所釀造的藥草香甜酒，也稱為靈酒。以白蘭地為基酒加入藥草浸泡，再加入蜂蜜釀製而成。
4. 杉布卡香甜酒（Sambuca）：產自義大利，混合大茴香、野梅與甘草的香甜酒。杉布卡香甜酒的主要原料是大茴香，生產地在

地中海沿岸。

◆果實類香甜酒

主要以水果口味的白蘭地為主，將水果釀成水果酒後，再加以蒸餾變成水果白蘭地，所以有水果味的白蘭地也可說是水果香甜酒。主要有三種條件：(1)以白蘭地為基酒，再浸泡水果或漿果；(2)酒精濃度在70Proof以上；(3)含2.5%的糖漿。

果實類香甜酒

1.柑橘香甜酒（Curacao）：選用南美委內瑞拉灣Curacao島上的苦柑橘果皮作為基酒，加上各種香料的花瓣、葉子與糖漿浸漬而成。柑橘香甜酒除了白色柑橘香甜酒外，還有橙色柑橘香甜酒、藍色柑橘香甜酒、綠色柑橘香甜酒等。

2.法國香橙干邑香甜酒（Grand Marnier）：產於法國，創製於1827年，以最高級的干邑白蘭地做基酒，再配以最好的柑橘皮和其他香料製成琥珀色的酒色，酒精濃度達40%，可說是柑橘酒的頂極品。

3.法國君度橙酒（Cointreau）：由法國君度家族所創，最初釀於1849年，以古拉索的苦橙皮及西班牙、北非的甜橙皮，加上純酒精與99.99%的純糖精釀造而成。酒精濃度高達40%，是僅次於Grand Marnier的柑橘酒品類，也被稱為法國的女人酒。

4.三倍辣橙皮利口酒（Triple Sec）：以一種柑橘皮為主原料釀製而成的無色柑橘酒，原文Triple Sec是指三倍辣的意思，引申為比一般白柑橘酒辣三倍的柑橘酒。以法國所生產的最有名，酒精濃度約30～39%。

5.曼陀鈴橘皮香甜酒（Mandarin Liqueur）：以中國的溫州橘為原料。

6.馬拉斯奇諾櫻桃香甜酒（Maraschino Liqueur）：產於南歐亞德里亞海沿岸的小顆粒黑櫻桃為原料，將果肉搗碎後經發酵蒸餾做成「櫻桃白蘭地」，再浸泡各種香料添加水調整酒精濃度，最後加入糖漿製成櫻桃香甜酒。

7.櫻桃白蘭地（Cherry Brandy）：直接以釀成的櫻桃酒蒸餾而成Cherry Wine的櫻桃白蘭地。以德國最有名，稱之為德國奇士櫻桃白蘭地（Kirsch）。

8.杏仁香甜酒（Amaretto Liqueur）：將杏仁核桃搗碎浸漬在蒸餾酒中，再抽出其精華釀製而成，有濃郁香甜的杏仁味道。

9.美國金馥香甜酒（Southern Comfort）：美國較具知名度的香甜酒，1874年產於紐奧爾良（New Orleans），是將多種水果及香草植物浸漬於波本威士忌中而成，酒精濃度為40～50%左右。

10.桃子香甜酒：將白、黃桃子當原料，在蒸餾酒當中浸泡，加上香料、糖漿蒸餾而成，酒精濃度約18～30%。

11.激情椰子香甜酒（Coconut Passion）：斯里蘭卡的椰子和巴西的百香果混合而成，是一款極具熱帶水果風味的酒。

12.馬力伯椰子酒（Malibu Coconut Liqueur）：產於牙買加，以當地所產的淡蘭姆酒搭配椰子果肉及汁液所製成。是椰子香甜酒的始祖，酒精濃度約20～25%。

13.野梅琴酒（Sloe Gin Liqueur）：是一種香甜酒，因含有糖分之故。由英國人發明，將野梅浸泡在蒸餾酒當中，加上琴酒特有的杜松子香味，甜中帶有弱苦味。

14.薄荷香甜酒（Crème de Menthe）：Menthe在法文是指薄荷之意。顏色有白、綠、紅三種，將薄荷浸泡到蒸餾酒中，再精萃而成。

15.可可香甜酒（Crème de Cacao）：先將烘焙後的可可豆和食用酒精混合蒸餾，再搭配香草和糖漿製成。即成為具有可可風味的可可酒。如果再加入可可的浸泡液、色素，就可以成為深色可可酒。

16.黑醋栗香甜酒（Crème de Cassis）：黑醋栗在歐洲主要當作藥材使用，是一種產於法國、德國、芬蘭、丹麥等國的香甜酒，尤其以法國的勃根地地區的最有名。將果實搗碎後，浸漬在酒精、葡萄酒中熟成，再加上大量糖分，過濾後裝瓶所製成，是一款甜度極高的開胃用香甜酒，酒精濃度約在15～25%左右。

17.愛爾蘭貝禮詩奶酒（Baileys the Original Irish Cream）：使用愛爾蘭陳年威士忌為基酒，再以鮮奶油、糖漿精釀而成。於西元1974年創立，酒精濃度為17%。

18.英國吉寶蜂蜜香甜酒（Drambuie）：原為滿意之杯之意，在1745年以蘇格蘭高地平均熟成十五年的麥芽威士忌為基酒，加上蜂蜜、藥草、香料等原料，甜味重，酒精濃度為40%，是蘇格蘭斯圖亞特的王家祕酒。

19.咖啡香甜酒（Crèmc dc Cafe）：將烘焙好的咖啡豆浸泡在蒸餾酒中（中性酒精、蘭姆酒等），以融入咖啡的香味，再加入各種香料製成甜度極高、香味濃郁的香甜酒。可另外搭配鮮奶、咖啡飲料等用。以墨西哥所生產的卡魯哇酒（Kahlua）最有名。

Notes

CHAPTER

12 雞尾酒

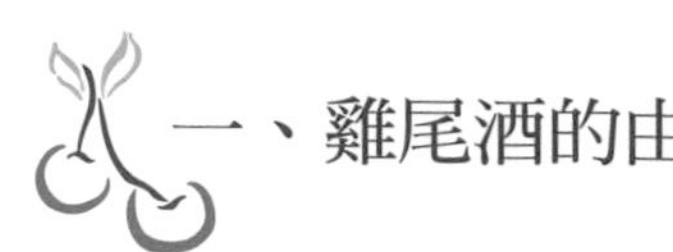

一、雞尾酒的由來

(一)雞尾酒的由來

雞尾酒發源於美國並且與「禁酒令」有關。在禁酒之前一般家庭對於酒的飲用方式只限於純飲，只有酒吧才擁有調配的能力。禁酒令頒發後，地下酒吧興起，私釀劣酒隨處充斥。然而私釀劣酒大都口感過於強烈不易直接飲用，需要經過調配的過程才能改善其不討喜的口感，就在此時雞尾酒的流行應運而生。由簡至繁，種類逐漸增加，當1933年禁酒令解除，酒的品質全面提升，花樣層出不窮，很快就流行於歐美各國，如今在台灣雞尾酒亦十分風行。

(二)雞尾酒的傳說

關於雞尾酒的傳說眾說紛紜，不同國家擁有自己的雞尾酒故事。大致整理如下：

◆傳說1

在美國獨立革命戰爭之際，一個酷愛鬥雞的酒店主人，極力反對女兒嫁給一位美國軍官。後來不知怎麼了，他心愛的雞不見蹤影，於是酒店主人懸賞尋雞啟示，只要任何人找回他心愛的鬥雞，就把女兒嫁給他。無巧不巧，尋獲鬥雞的人正是那位美國軍官。有情人終成眷屬，在宴客時新娘興奮之餘無意中把酒與其他飲料混合在一起，出乎意料之外地獲得在場賓客的好評，後來就把這種混合酒稱為雞尾酒。

◆傳說2

早期在美國的荷蘭移民用沾有烈酒和自製苦精混合液的公雞羽毛，在病人的喉嚨處畫上幾畫，來治療喉嚨發炎的病症。有些膽大的病人乾脆拿它來漱口，如此一來，喉嚨的所有知覺都麻木了，病情亦減輕許多。從此之後，人們便飲用烈酒和苦精的混合飲料，把它視為預防疾病的藥物。

◆傳說3

18世紀的英國紳士在鬥雞時，通常拿一種名叫Cock Ale的強烈混合飲料來飼養參賽的公雞，希望在賽中公雞能有最好的表現。賽後在場的觀眾要舉杯為獲勝的公雞讚賞，而所飲用的飲料含有多少種的材料則端視獲獎公雞尾巴上還剩有幾根羽毛。就這樣，這杯飲料以Cockale為名。

◆傳說4

18世紀初期的墨西哥統治者 King Axolotl八世，與美國南部各州的軍隊起了衝突，經過溝通、調停，雙方領袖終於願為和平共處而握手言和。但另一個一觸即發的情勢又產生了，誰該先喝這個象徵和平儀式的金壇呢？後來由墨西哥王國的女兒Coctel親自調製，她深知不管雙方哪一位領袖先喝都會有所爭議，於是她便先喝了。結果美國將軍對這位機智且富於外交手腕的女士授予最高的榮譽。當然Coctel從此變成Cocktail。

◆傳說5

早年在墨西哥港口靠岸的英國水手，經常點一種以白蘭地或蘭姆酒為基酒的飲料，名叫Drac，這種飲料必須用木製湯匙或細棒攪拌。有一家特別受歡迎的酒店用細長、光滑的Cola de Gallo這種植物的根

作為攪拌棒。Cola de Gallo譯成英文即是Cocktail。當地的這種飲料於是跟著英國海軍傳遍世界各地。

◆傳說6

美國獨立戰爭時，有一位長得很美麗的寡婦開了一家酒店，她賣的酒都是自己釀造的，總是能讓來喝酒的美國大兵醉醺醺，飄飄然。有一天，一群美國大兵襲擊了英國營區內的商店，抓走了店裡的公雞，並把公雞帶到寡婦的酒店，叫她做成烤雞，那寡婦做好烤雞之後，還利用那隻公雞的漂亮尾巴調製了一些酒，遞給士兵們喝，意氣飛揚的美國大兵，一面喝酒一面說「恰如美麗的公雞尾巴羽毛一般，這些酒的味道也特別香醇」，從此以後，人們就稱呼調合過的酒為「雞尾酒」。

二、雞尾酒的定義

有關雞尾酒的記載首鑑於1802年美國一本名為*The Balance*的雜誌。它對雞尾酒做了如下的描述：雞尾酒是由蒸餾酒（任何一種皆可）、糖、水和苦精混合而成的。是一種刺激性的酒精飲料。目前泛指兩種以上的混合酒類（Mixing Drinks），或是含有酒精的任何一種酒類混合不含酒精的任何飲料，或是兩種以上含有酒精成分之飲料混合而成的飲料。

雞尾酒調配的基本原理則如下：

基酒＋香甜酒	＋ 糖類	＋酸類果汁	＋軟性飲料	＋其他類	＋裝飾物
六大基酒	果糖	檸檬汁	冷熱開水	雞蛋	櫻桃
釀造酒	方糖	柳橙汁	碳酸飲料	奶油	荳蔻
香甜酒	糖漿	番茄汁			吸管、調酒棒

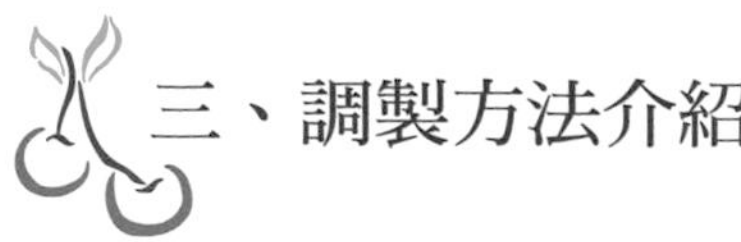

三、調製方法介紹

(一)直接注入法

直接注入法（Build）是在客人使用的杯子裡，逐樣逐步地將各種原料加入混合之。典型的直調飲料有加果汁混合之飲料及其他逐層加料的飲料。多屬於長飲料，成品含有冰塊。

使用器皿：長飲杯、量酒器、吧叉匙（圖❶）

製作步驟：

①杯中加入冰塊（圖❷）

②依照配方加入適量的基酒與果汁（圖❸）

③使用吧叉匙攪拌（圖❹）

❶

❷

❸

❹

(二)漂浮法

漂浮法（Pouring, Floating）是利用飲品的糖與酒精含量比重，分次將材料倒入達到分層效果。含糖越多者越重，酒精濃度越高者比重越輕。

使用器皿：量酒器、吧叉匙（圖❶）

製作步驟：

①依照配方倒入適量的糖漿或香甜酒（圖❷）

②將吧叉匙的匙背朝上緊扣杯口（圖❸）

③將上層材料緩慢沿杯口倒入杯中（圖❹）

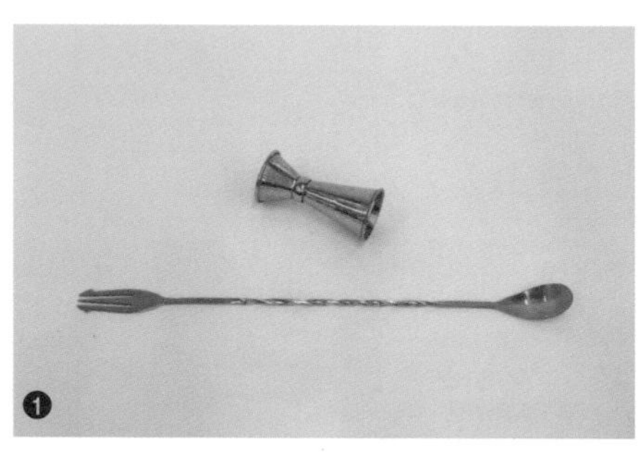

❶

❷

❸

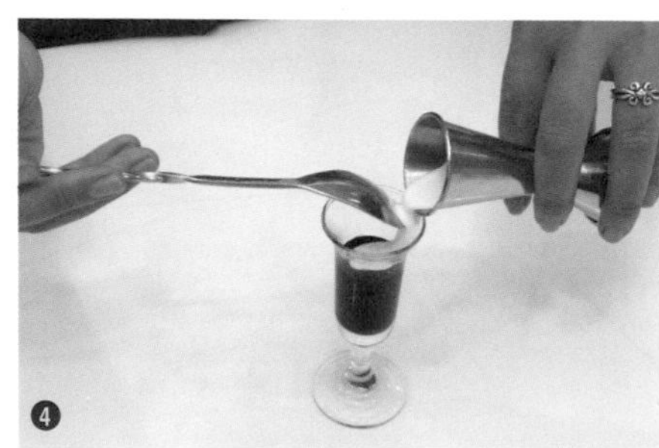

❹

(三)攪拌法

攪拌法（Stir）是把各種原料加冰塊一併放入刻度調酒杯內攪拌混合後，再將該已混合的飲料過濾後盛入冰鎮過的酒杯內稱之。攪拌之飲料是由二至三種，甚至更多種的烈酒，或者是烈酒加水果酒混合而成的，其原料需較容易互相混合融為一體者。攪拌法的目的是為了混合均勻和快速冷卻各種原料，並防止冰塊的稀釋以沖冷該飲料混合物之酒性。多屬於短飲料，成品不含冰塊。

使用器皿：刻度調酒杯、隔冰器、量酒器、吧叉匙（圖❶）

製作步驟：

①刻度調酒杯中加入冰塊（圖❷）

②依照配方加入適量的基酒或香甜酒（圖❸）

③使用吧叉匙攪拌（圖❹）

④隔冰器蓋於刻度調酒杯口，將飲品的冰塊與酒水分隔後倒入杯中（圖❺）

❶

❷

❸

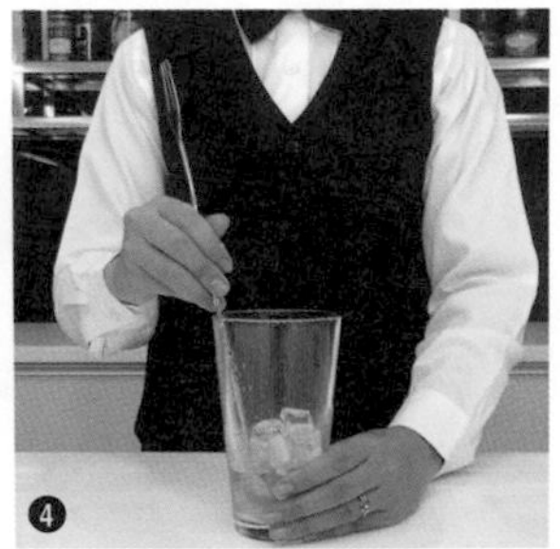
❹

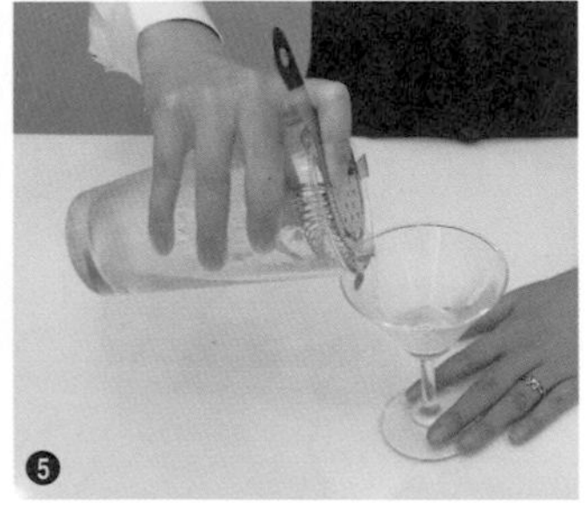
❺

(四)搖盪法

搖盪法（Shake）是將各種原料一併放入搖酒杯內，用手搖晃搖杯，使之能均勻混合，或放入電動攪拌機內使之混合而稱之。搖晃的目的是將不易混合均勻之原料，如糖、鮮奶油、蛋及水果和果汁等，與酒精混合，並急速冷卻之。但要特別注意，凡是氣體飲料是不可以使用搖盪法調製，以避免杯中壓力失衡而爆開傷害客人與調製者。

使用器皿：雪克杯、量酒器、吧叉匙（圖❶）

製作步驟：

①雪克杯分為上蓋、濾壺、下壺三大部分（圖❷）

②下壺加入適量冰塊（圖❸）

③依照配方加入適量的基酒與果汁、香甜酒

④將三部分組合後以上下搖盪的方式快速擺動（圖❹）

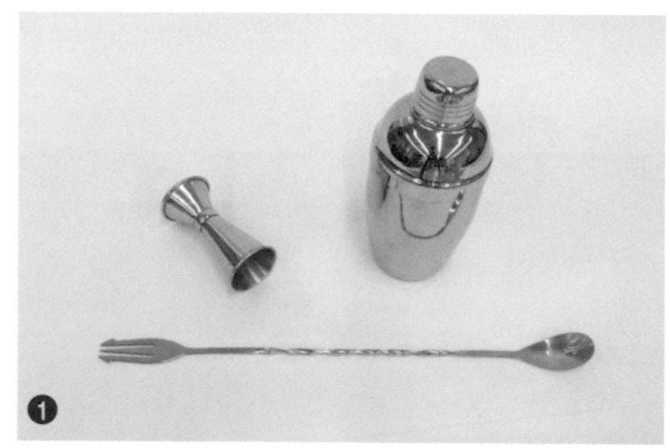

❶

❷

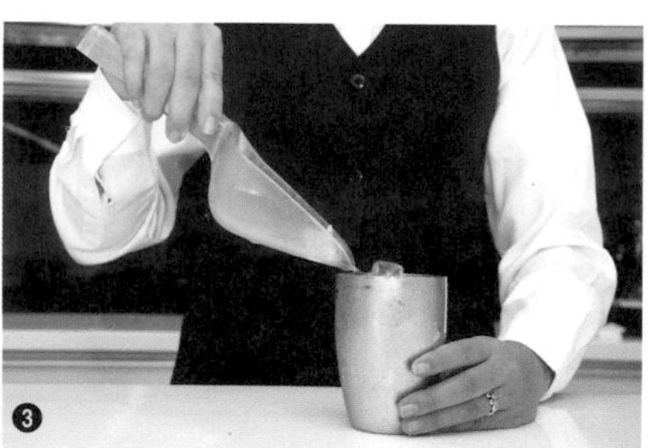

❸

❹

(五)電動攪拌法

電動攪拌法（Blend）是將各種原料以電動攪拌器混合打勻之。你可以用電動攪拌器混合任何想打勻混合但又不易融合均勻的東西，如冰塊、食品等。有些酒吧常以電動攪拌器來代替搖酒杯及調酒杯，以期能較容易地混合調製一杯好飲料，但卻沒有手動搖酒杯所調之飲料來得香。

使用器皿：電動攪拌機、量酒器、吧叉匙（圖❶、圖❷）

製作步驟：

①在操作台上將材料加入果汁壺中（圖❸）

②將果汁壺與基座固定後開啟開關（圖❹）

③由慢速開始再逐漸轉換到快速鈕

④使用吧叉匙將成品刮至杯中（圖❺）

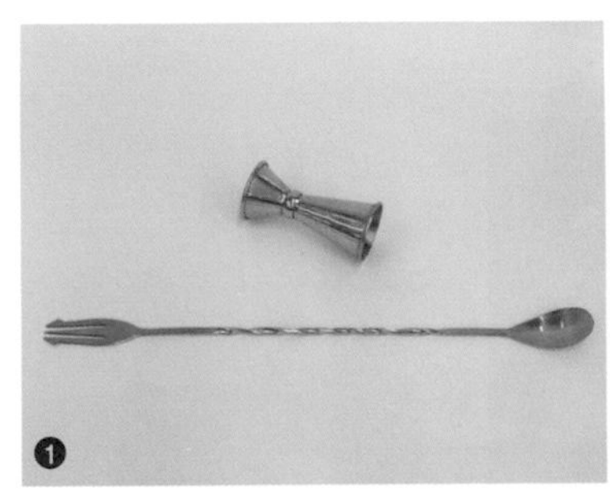
❶

❷

❸

❹

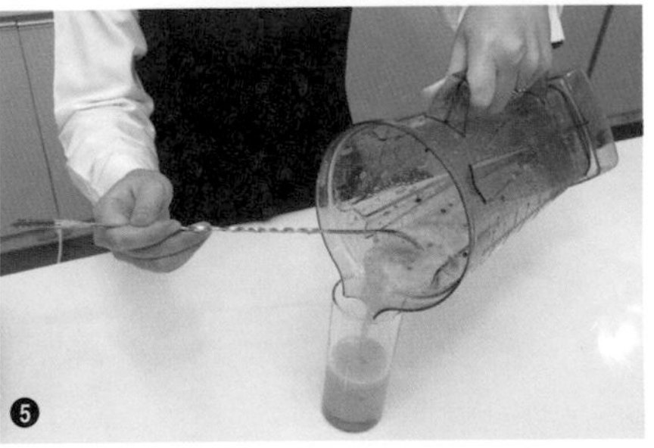
❺

四、調製雞尾酒的十大要領

(一)雪克杯正確的拿法

①右手大拇指壓住上蓋，左手抵住下壺底端（圖❶）

②雙手輕握雪克杯，舉向左肩前（圖❷）

③朝斜上方迅速搖動產生衝力（圖❸）

(二)攪拌法方式

①右手中指與無名指夾住吧叉匙柄部螺旋部分沿杯壁攪拌（圖❶、圖❷）

②左手固定調酒杯（圖❸）

③扣上隔冰器注入酒杯（圖❹、圖❺）

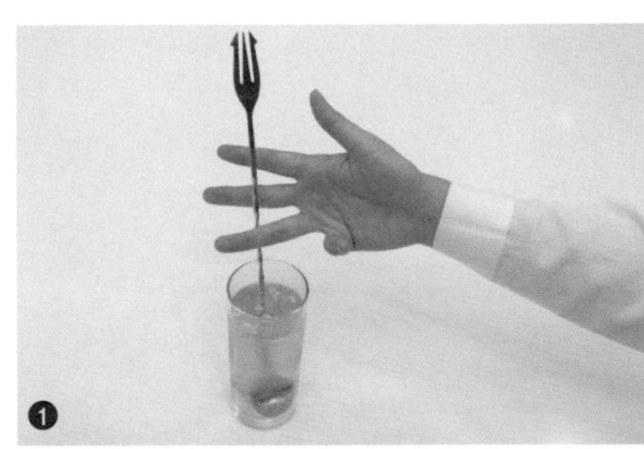

(三)瓶蓋開啟技巧

①右手握住酒瓶的下方，向內旋動；用左手的拇指和食指從正面握住瓶蓋向外轉動（圖❶）

②使用左手虎口部分夾住瓶蓋（圖❷）

❶

❷

(四)量酒器的拿法

①用食指、中指與無名指夾住量酒器（圖❶）

②由內向外側注酒（圖❷）

❶

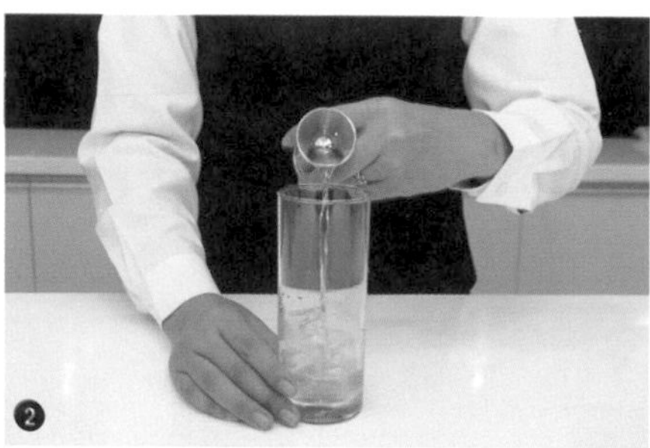

❷

(五)壓汁器的用法

右手拿住剖開的水果，將切口對準壓汁器中間突起的部分，緩慢的左右旋轉擠擰果汁（如右圖）

(六)榨汁器的用法

①水果對半切開放入壓槽內（圖❶）

②用力壓取榨汁（圖❷）

③由尖嘴口處將果汁倒出使用（圖❸）

❶

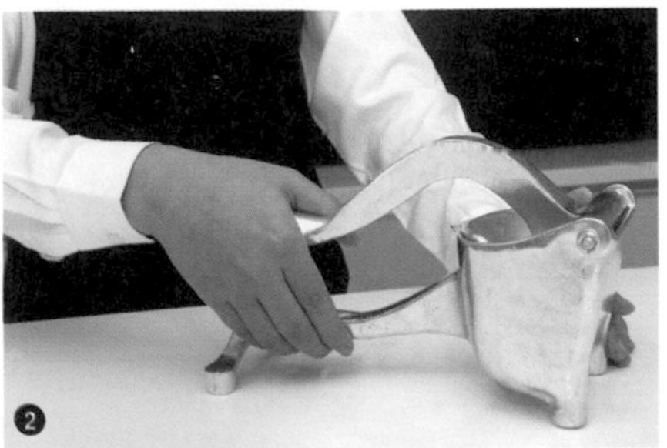
❷

❸

(七)沖茶器使用方法

①加入適量茶葉至沖茶器中（圖❶）

②注入適量熱水（圖❷）

③將沖茶器彈簧上下拉動加速茶湯顏色生成（圖❸）

(八)檸檬皮的擠擰方法

切雕完成的檸檬皮，夾住兩端在酒杯上旋轉，讓檸檬皮上的油脂（香氣的來源）落入酒杯內（如右圖）

(九)2杯以上的注酒技巧

切勿一杯一杯的注酒，要逐步增加每杯的酒量。結束時應從最後的酒杯逐個倒回最初的酒杯（如右圖）

(十)漂浮調製方法

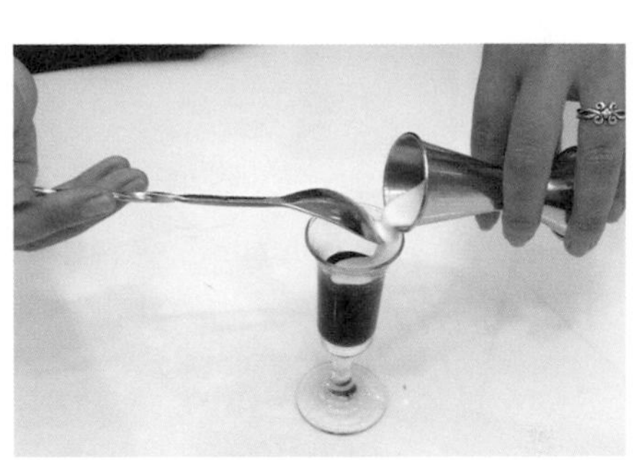

沿著吧叉匙的匙背讓酒水順著酒杯的內側緩流而下（如右圖）

五、雞尾酒的種類

1.純真飲料（Mocktail）：飲料中沒有酒精成分。

2.酸酒（Sour）：以蒸餾酒或香甜酒為基酒，加入檸檬汁、糖水使用搖盪法方式調製。

3.可林（Collins）：以蒸餾酒或香甜酒為基酒，加入檸檬汁、糖水再加入蘇打水，使用直接注入法方式調製。

4.司令（Sling）：基酒、香甜酒與檸檬汁、糖水一起搖盪均勻後最後再加入蘇打水的方式。

5.芙萊蓓（Frappe）：使用電動攪拌法將冰塊打成極碎的碎冰，再將碎冰放入雞尾酒杯中淋上酒類的方式。

6.霸克（Buck）：以蒸餾酒或香甜酒為基酒，加入檸檬汁、糖水

再加入薑汁汽水，使用直接注入法方式調製。

7.賓治酒（Punch）：混合酒、果汁、糖、香料與檸檬汁混合而成的飲料。

8.霜凍（Frozen）：將材料與冰塊放入電動攪拌機打成霜凍狀的方式。

9.費克斯（Fix）：材料加入已裝有冰塊的長飲杯內，稍微攪拌即可的調製方式。

10.費士（Fizz）：以蒸餾酒為基酒，加入檸檬汁、糖水，最後再加入蘇打水的調製。

11.酷樂（Cooler）：含酒精的酷樂是以蒸餾酒或葡萄酒為基酒，加入檸檬汁或柳橙汁再加入蘇打水或薑汁汽水。

12.摩西多（Mojito）：將新鮮薄荷葉於杯中搗碎後，加入蒸餾酒、糖水、檸檬汁，最後加入蘇打水的直接注入飲料。

六、雞尾酒調製單位換算

成功的調製一杯雞尾酒必須依照酒單上的標準配方量取所需的分量，目前在國際調酒的領域中，皆以毫升ml為標示單位。

1盎司Ounce＝30毫升ml＝30cc.

1滴Dash＝1/6茶匙Teaspoon＝1/32盎司Ounce

1茶匙Teaspoon＝5毫升ml＝2吧匙Barspoon

1餐匙Tablespoon＝15毫升ml＝3茶匙Teaspoon＝6吧匙Barspoon

1盎司Ounce＝2餐匙Tablespoon＝6茶匙Teaspoon

1量酒器Jigger＝45毫升ml

1杯Cup＝8盎司Ounce

1品脫Pint=16盎司Ounce=1/8加侖Gallon

1夸特Quart=2品脫Pint=32盎司Ounce

1加侖Gallon=4夸特Quart=128盎司Ounce

七、常見的吧檯術語

吧檯術語	代表意思	吧檯術語	代表意思
Straight (Up)	純飲	On the Rocks	加冰塊飲用
On the House	本店招待	Call Brand	客人指定選用的酒類品牌
House Brand (Pour)	由店家自行決定基酒品牌	House Wine	餐廳招牌葡萄酒，以杯為單位
Call Out	吧檯打烊	Back up Drinks	軟性飲料
Neat	純飲，酒不降溫	Fill Up	加滿
Scotch Mizuwali	威士忌加水	Happy Hour	買一送一時段
Comp	免費招待	Side Duty	準備工作
Water Back	再附一杯冰水	Single	單份
Double	雙倍	Last Order	最後點單
One Check	一起結帳	One for the Rock	最後一杯
Cheers	乾杯		

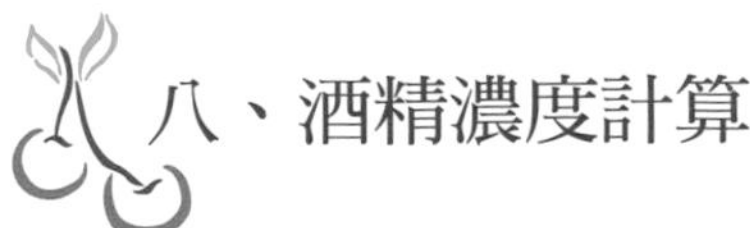

八、酒精濃度計算

一杯雞尾酒的酒精度數概算與所使用的材料與總量有著極大的關係，依循著簡單的計算公式就可以算出雞尾酒的酒精濃度。

容量×酒精度＝酒精濃度

總酒精濃度／總容量＝單杯雞尾酒酒精濃度

範例

＊不甜馬丁尼Dry Martini

Gin　45ml…45ml（容量）×40度（酒精度）=1800度（酒精濃度）

Dry Vermouth　5ml…5ml（容量）×16度（酒精度）=80度（酒精濃度）

50ml（總容量）　1880度（總酒精濃度）

1880度/50ml=37.6度（酒精濃度）

所以一杯不甜馬丁尼的酒精濃度是37.6度

＊新加坡司令Singapore Sling

Gin　30ml…30ml（容量）×40度（酒精度）=1200度（酒精濃度）

Cherry Brandy　15ml…15ml（容量）×20度（酒精度）=300度（酒精濃度）

Cointreau　5ml…5ml（容量）×40度（酒精度）=200度（酒精濃度）

Grenadine Syrup　15ml…15ml（容量）×0度（酒精度）=0度（酒精濃度）

Pineapple Juice　45ml…5ml（容量）×0度（酒精度）=0度（酒精濃度）

Lemon Juice　30ml…5ml（容量）×0度（酒精度）=0度（酒精濃度）

Angostura Bitters1dash…1ml（容量）×48度（酒精度）=48度（酒精濃度）

Soda water　60ml…5ml（容量）×0度（酒精度）=0度（酒精濃度）

201ml（總容量）　1748度（總酒精濃度）

1748度/201ml=8.69度（酒精濃度）

所以一杯新加坡司令的酒精濃度是8.69度

九、世界知名雞尾酒介紹

亞歷山大 Alexander

酒名介紹

獻給英國國王愛德華七世的王妃——亞歷山德拉的雞尾酒。含油脂成分較多，口感特別滑順，成為女性雞尾酒的首選。

若將基酒白蘭地換成琴酒就變成了「瑪莉公主Princess Mary」；換成伏特加就成了「巴巴拉Barbara」；若是換成蘭姆酒就變成了「巴拿馬Panama」。

調製方式

搖盪法Shake

成分

白蘭地Brandy 20ml

深可可香甜酒
Brown Crème de Cacao 20ml

奶精（鮮奶油）Cream................20ml

裝飾物

荳蔻粉Nutmeg

貼心小叮嚀

材料中含有鮮奶油，因此要混合均勻，倒出時可以稍微甩一下雪克杯，讓下壺內鮮奶油倒出，使成品表層有一層薄膜。

美國人 Americano

酒名介紹

這是第二次世界大戰後開始流行的雞尾酒，在20世紀開始引入日本作為開胃酒形式的雞尾酒來銷售。

調製方式

攪拌法Stir

成分

義大利紅酒Italian Red Wine.......30ml
甜苦艾酒Sweet Vermouth...........30ml
蘇打水Soda Water.......................60ml

裝飾物

檸檬皮Twist of lemon peel

貼心小叮嚀

蘇打水不倒入刻度調酒杯內攪拌，
在成品杯中倒入即可。

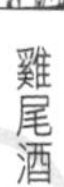

天使之吻 Angel's Kiss

酒名介紹

在美國將天使之吻稱為天使的恩惠（Angel's Tip），當喝掉上層的一些奶油時，會發現奶油層會形成很多小圈圈，不停地在對撞，就彷彿天使在接吻一樣。

調製方式

直接注入法—漂浮法Floating

成分

深可可香甜酒Brown Crème de Cacao .... 3/4杯（以酒杯為單位）

奶精（鮮奶油）Cream .... 1/4杯（以酒杯為單位）

裝飾物

櫻桃Cherry on the rim

貼心小叮嚀

倒入鮮奶油時一定要使用吧叉匙減緩流速，以免造成混濁。

B-52轟炸機 B-52Shot

酒名介紹

強烈並帶有一些甜味的雞尾酒，入口後就像轟炸機一般在口中綻放。在美國的市場則多半使用龍舌蘭或伏特加，加入香甜酒後飲用。

調製方式

直接注入法Build

成分

卡魯哇咖啡香甜酒Kahlua.................20ml
貝禮詩奶酒Bailey's Irish Cream.......20ml
香橙干邑白蘭地Grand Marnier 20ml

裝飾物

無

貼心小叮嚀

倒入Bailey與Grand Marnier時一定要使用吧叉匙減緩流速，並且要將吧叉匙與量酒器洗淨後再繼續使用，以免造成混濁。

巴卡爾迪雞尾酒 Bacardi Cocktail

酒名介紹

1933年Bacardi酒廠公司為了宣傳自家的蘭姆酒而創造的一種雞尾酒，當時的紐約法院判決「巴卡爾迪雞尾酒必須使用巴卡爾迪公司的蘭姆酒」，因此使得此酒名聲名大噪。

調製方式

搖盪法Shake

成分

白色蘭姆酒White Rum (Bacardi) ... 20ml
萊姆汁Lime Juice............................15ml
紅石榴糖漿Grenadine Syrup 5ml

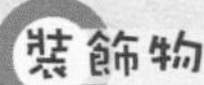

裝飾物

柳橙片Orange Slice
櫻桃Cherry

貼心小叮嚀

紅石榴糖漿的分量需掌控好，
避免成品色澤太紅。

黑俄羅斯 Black Russian

酒名介紹

由比利時首都飯店工作的考斯塔・托普設計的雞尾酒。若是在酒上方淋上鮮奶油就成了白俄羅斯White Russian；將伏特加換成白蘭地就變成髒媽媽Dirty Mother。

調製方式

直接注入法Build

成分

伏特加Vodka 50ml

卡魯哇咖啡香甜酒Kahlua 20ml

裝飾物

無

貼心小叮嚀

端送給客人前一定要使用吧叉匙攪拌後再送出。

血腥瑪麗 Bloody Mary

酒名介紹

依據「雞尾酒調和ABC叢書」的記載中，1921年，彼得・貝迪歐在巴黎哈里茲酒吧工作時創造的作品。由於之後他成為紐約飯店酒吧的領班，因而被認為在美國誕生。另外一種說法是指在遠古的歐洲，有一位李・克斯特伯爵夫人的艷名遠播整個歐洲大陸，連法皇路易十四也不遠千里，拜倒在其石榴裙下。但是因為伯爵夫人血腥的特殊習慣讓人膽戰心驚，而創造一種雞尾酒的名字叫「血腥瑪麗」。

調製方式

直接注入法Build

成分

伏特加Vodka 45ml
檸檬汁Lemon Juice 15ml
番茄汁Tomato Juice 120ml
辣椒水Tabasco .... 少許
辣醬油Worcestershire Sauce .... 少許
鹽和胡椒Salt & Pepper.................... 少量

裝飾物

檸檬角Lemon Wedge on the rim
芹菜棒Celery stick in the drink

貼心小叮嚀

芹菜棒的長度約杯身高度再加上5公分，可使用杯子來丈量擷取所需的芹菜棒長度。

白蘭地蛋酒 Brandy Eggnog

酒名介紹

依據美國與英國的傳說，這種酒是作為聖誕節飲料而製造的。他們的觀念就是蛋酒=感恩節＋聖誕節＋新年，除非你有喝到Eggnog甜蛋酒，不然你過的聖誕就不夠英式，大家都應該彼此慶祝道賀，每次道賀都要喝一杯Eggnog來共同慶祝。

Eggnog是中古世紀由英國的飲料Posset轉變而來的，由熱牛奶當底加入紅酒、啤酒或是白蘭地來飲用。之後傳到美國開始了不同的飲用模式。

調製方式

搖盪法Shake

成分

白蘭地Brandy 45ml
鮮奶Milk 60ml
糖水Sugar Syrup 1茶匙
蛋黃Egg Yolk 1個

裝飾物

荳蔻粉Nutmeg

貼心小叮嚀

蛋黃一定要最後再加入雪克杯下壺，並且不要接觸到冰塊以防止凝結情形。

櫻花 Cherry Blossom

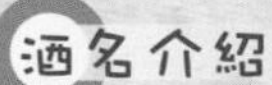

酒名介紹

日本橫濱巴黎酒店的田尾多三郎創造出來的國際性作品。

調製方式

搖盪法Shake

成分

櫻桃白蘭地Cherry Brandy 15ml
白蘭地Brandy 15ml
白柑橘香甜酒Triple Sec............... 5ml
檸檬汁Lemon Juice 5ml
紅石榴糖漿Grenadine Syrup 5ml

裝飾物

無

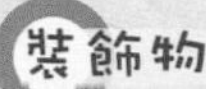

貼心小叮嚀

本款櫻桃白蘭地，為香甜酒，非法國瑪瑟妮櫻桃白蘭地因其口感與成本差異極大。

奇奇 Chi-Chi

酒名介紹

產生於美國的夏威夷，在英語中是代表優雅與漂亮的意思。

調製方式

電動攪拌法Blend

成分

伏特加Vodka...................30ml

檸檬汁Lemon Juice 15ml

鳳梨汁Pineapple Juice ...90ml

椰漿Coconut Cream 30ml

裝飾物

鳳梨片Pineapple slice on the rim

貼心小叮嚀

果汁機中的冰塊約為一個
成品杯的分量為宜。

古巴萬歲 Cuba Libre

酒名介紹

1902年在美國的援助下，古巴從西班牙的統治下取得獨立。當時獨立運動的口號語言是“Viva Cuba Libre”，當地人為了紀念獨立的時刻，將當地獨特的蘭姆酒與美國可口可樂結合。

調製方式

直接注入法Build

成分

深色蘭姆酒Dark Rum 30ml
檸檬汁Lemon Juice 15ml
可樂Coia...............加至八分滿

裝飾物

檸檬片Lemon slice on the rim

貼心小叮嚀

可樂倒入後，要使用吧叉匙
攪拌後再端給客人。

戴吉利 Daiquiri

酒名介紹

1902年在古巴島東南部的戴吉利礦山工作的美國人傑寧克斯・考克斯所命名的。他們一到週末便會到聖地牙哥市，在傳統的蘭姆酒中加入蘭姆汁和古巴特產的砂糖飲酒自娛。也有人稱之為蘭姆酸酒Rum Sour。

調製方式

搖盪法Shake

成分

白色蘭姆酒White Rum....45ml
檸檬汁Lemon Juice 30ml
糖水Sugar Syrup 10ml

裝飾物

櫻桃和檸檬片Cherry and Lemon slice on the rim

貼心小叮嚀

成品杯要先進行冰杯，如能使用新鮮檸檬汁風味更好。

佛羅里達 Florida

酒名介紹

此款雞尾酒因材料取得容易，在美國禁酒令時代流行一時。

調製方式

搖盪法Shake

成分

琴酒Gin...........................15ml
白柑橘香甜酒Triple Sec....5ml
柳橙汁Orange Juice 40ml
檸檬汁Lemon Juice 5ml

裝飾物

柳橙角Orange Wedge on the rim

貼心小叮嚀

成品杯要先進行冰杯，如能使用新鮮檸檬和柳橙汁風味更佳。

法蘭西75砲 French 75

酒名介紹

在第一次世界大戰時，巴黎的安利酒吧誕生這一支雞尾酒。所謂法蘭西75是法國所生產的75毫米口徑的大砲。若將琴酒換成波本威士忌就成了French 95；換成白蘭地就成了French 125。

調製方式

搖盪法Shake／直接注入法Build

成分

琴酒Gin.. 45ml
香檳（發泡葡萄汁）Champange ... 20ml
檸檬汁Lemon Juice 20ml
砂糖Sugar.. 5ml

裝飾物

檸檬角Lemon Wedge on the rim

貼心小叮嚀

若採取搖盪法時，香檳不可進入雪克杯搖盪，須注入成品杯中。

粉紅霜凍戴吉利 Frozen Daiquiri

酒名介紹

由於美國著名作家海明威熱愛這種雞尾酒，因而聲名大噪。

調製方式

電動攪拌法Blend

成分

白色蘭姆酒White Rum................ 40ml
白柑橘香甜酒Triple Sec................ 5ml
萊姆汁Lime Juice........................ 10ml
紅石榴糖漿Grenadine Syrup 5ml
碎冰 1杯

裝飾物

可放檸檬片或櫻桃裝飾

貼心小叮嚀

製作霜凍時，取用成品杯$1\frac{1}{2}$的冰塊為宜。

吉普森 Gibson

酒名介紹

19世紀末紐約演員俱樂部的調酒師查爾斯・克諾里的作品，由於插畫家查爾斯・戴爾吉普森非常喜歡這支雞尾酒，故命名為吉普森。吉普森與馬丁尼的成分相當雷同，僅以裝飾物的不同加以區隔。依照NBA雞尾酒配方比例，琴酒與苦艾酒的比例為5：1為佳。

調製方式

攪拌法Stir

成分

琴酒Gin....................................... 45ml

不甜苦艾酒Dry Vermouth.............. 5滴

裝飾物

小洋蔥Cocktail Onion in the drink

貼心小叮嚀

有些酒吧會將裝飾物改為檸檬皮亦可。

基姆萊特 Gimlet

酒名介紹

19世紀英國東洋艦隊成員所飲用的飲料，當時的軍官飲用琴酒而船員則是飲用加水稀釋的蘭姆酒。1890年後海軍軍醫T. O. Gimlette為了軍人的健康，提倡在琴酒內加入萊姆汁與糖水。

調製方式

搖盪法Shake

成分

琴酒Gin...........................30ml
萊姆汁Lime Juice............20ml

裝飾物

櫻桃Cherry on the rim

貼心小叮嚀

成品酒杯要先進行冰杯。

義式琴酒 Gin It

酒名介紹

原本被稱為Gin Italian，後來為求方便就以簡稱Gin It來代替。相傳這支酒在1850年時就已經在歐洲被飲用，更被作為當時義大利的苦艾酒廠的宣傳廣告。

調製方式

攪拌法Stir

成分

琴酒Gin 30ml

甜苦艾酒Sweet Vermouth 20ml

裝飾物

櫻桃Cherry in the drink

貼心小叮嚀

櫻桃要放入成品杯中。

琴湯尼 Gin Tonic

酒名介紹

通寧水（Tonic Water）本是產於英屬殖民地的熱帶地區，原為防止瘧疾的藥用飲料，在一個偶然機會下將通寧水加入了琴酒，瞬間的美味讓人驚艷，故而「琴湯尼」便因此而誕生了。

調製方式

直接注入法Build

成分

琴酒Gin 45ml
奎寧水Tonic Water........120ml

裝飾物

檸檬片Lemon slice on the rim
吸管Straw

貼心小叮嚀

通寧水加入後要使用吧叉匙攪拌，
再端送給客人。

琴費士 Gin Fizz

酒名介紹

1888年紐奧良的帝國內閣亨利・拉莫斯在檸檬果汁中加入琴酒，而成為琴費士的起源。

調製方式

直接注入法Build／搖盪法Shake

成分

琴酒Gin............................45ml
檸檬汁Lemon Juice 30ml
糖水Sugar Syrup 10ml
蘇打水Soda Water..........60ml

裝飾物

檸檬片Lemon slice on the rim
櫻桃Cherry
吸管Straw

貼心小叮嚀

使用搖盪法時，蘇打水不可進入雪克杯搖盪，須最後注入成品杯中。

教父 God Father

酒名介紹

此酒深受美國人喜愛。是以電影《教父》中的情節所調配出的雞尾酒，想像自己是主角馬龍白蘭度，享受權力的滋味；蘇格蘭威士忌換成伏特加就成了教母God Mother。

調製方式

直接注入法Build

成分

蘇格蘭威士忌Scotch Whiskey ... 45ml
杏仁香甜酒Amaretto Liqueur 15ml

裝飾物

無

貼心小叮嚀

端送給客人前一定要使用吧叉匙攪拌後再送出。

綠色蚱蜢 Grasshopper

酒名介紹

因為成品的顏色近似一隻靜止不動的蚱蜢故而得名；調製的方式除了搖盪混合所有材料外，也有人使用分層注入的方式呈現，亦受到相當的歡迎。

調製方式

搖盪法Shake／
直接注入法一漂浮法Floating

成分

綠薄荷香甜酒
Green Crème de Menthe............... 25ml
白可可香甜酒White Crème de Cacao...... 25ml
奶精（鮮奶油）Cream............................ 25ml

裝飾物

櫻桃Cherry on the rim

貼心小叮嚀

材料中含有鮮奶油，因此要混合均勻，倒出時可以稍微甩一下雪克杯，讓下壺內鮮奶油倒出，使成品表層有一層薄膜。

哈維撞牆 Harvey Wallbanger

酒名介紹

「哈維撞牆」是將伏特加和柳橙汁攪拌均勻後再把義大利香草酒Galliano淋在上方，這樣一來飲用時鼻子可以聞到濃郁的義大利香草味道，喜愛這種特殊香味的人對於這杯雞尾酒可是會愛不釋手。簡易來說是螺絲起子的衍生酒款。

調製方式

直接注入法Build

成分

伏特加Vodka...................30ml
柳橙汁Orange Juice 120ml
義大利香草酒Galliano.....10ml

裝飾物

櫻桃Cherry on the rim
柳橙片Orange slice on the rim

貼心小叮嚀

端送給客人前一定要使用吧叉匙攪拌後再送出。

馬頸 Horse's Neck

酒名介紹

馬頸酒的由來的確是和賽馬有關，據說是美國肯塔基州的馬迷所發明的。他們迷信這種酒會帶來好運，因為長型的玻璃杯很像馬的脖子，檸檬皮則象徵馬鬃。美國總統羅斯福常在騎馬後，一邊摸著馬的脖子一邊喝這種酒，也因此更加出名。

調製方式

直接注入法Build

成分

白蘭地Brandy 45ml
薑汁汽水Ginger Ale 120ml

裝飾物

螺旋檸檬皮Lemon Spiral

貼心小叮嚀

薑汁汽水加入後，要使用吧叉匙攪拌，再端送給客人。

愛爾蘭咖啡 Irish Coffee

酒名介紹

這是愛爾蘭西海岸的香農機場休息室謝夫喬・謝里坦的作品，早期的飛行航線無法由歐洲直飛美國橫越大西洋，飛機需要在機場停留加油。為了讓乘客祛寒而發明這道雞尾酒。另外一個浪漫的傳說是柏林機場的酒保為了一位心儀的美麗空姐所調製的，他覺得她就像愛爾蘭威士忌一樣，濃香而醇美。之後美麗的空姐回到舊金山開起了咖啡店，也賣起了愛爾蘭咖啡。漸漸地，愛爾蘭咖啡便開始在舊金山流行起來。因而在柏林將愛爾蘭咖啡歸納為雞尾酒；而舊金山則將此歸納為咖啡。

調製方式

攪拌法Stir

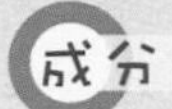

成分

愛爾蘭威士忌Irish Whiskey............ 15ml
方糖Cube Sugar 1塊
（或細砂糖2茶匙）
熱咖啡Hot Coffee......................... 150ml
鮮奶油Whipped Cream................. 20ml

裝飾物

五彩巧克力米Assorted Colourful Chocolate Mince

貼心小叮嚀

愛爾蘭咖啡是一種熱調酒，要先將砂糖或方糖與威士忌在杯中透過外杯的火焰溫度混合後，再倒入咖啡。

卡魯哇奶酒 Kahlua Milk

酒名介紹

簡單調製的卡魯哇奶酒深受各國人士的喜愛，日本喜歡在卡魯哇咖啡香甜酒內加入牛奶飲用；美國在盛裝有卡魯哇咖啡香甜酒的杯內加入些許的碎冰，加入鮮奶油浮於上層飲用。

調製方式

直接注入法Build

成分

卡魯哇咖啡香甜酒Kahlua........... 45ml
牛奶Milk..................................... 45ml

裝飾物

無

貼心小叮嚀

本款因有分層效果，建議端送給客人後，再由客人攪拌飲用。

長島冰茶 Long Island Iced Tea

酒名介紹

80年代初由美國紐約的長島橡樹灘客棧（Oak Beach Inn）內的羅伯特・巴特酒保所創作，在沒有使用半滴紅茶的情況下，調製出具有紅茶色澤與口味的美味雞尾酒而聲名大噪。

調製方式

攪拌法Stir

成分

琴酒Gin............................15ml
伏特加Vodka...................15ml
白色蘭姆酒White Rum....15ml
龍舌蘭酒Tequila..............15ml
白柑橘香甜酒Triple Sec..15ml
檸檬汁Lemon Juice 30ml
可樂Cola..........................40ml

裝飾物

檸檬片Lemon slice on the rim
櫻桃Cherry on the rim
吸管Straw

貼心小叮嚀

此款酒精濃度頗高，客人點用時一定要提醒客人。

邁泰 Mai-Tai

酒名介紹

Mai-Tai在大溪地語中有首屈一指（最棒）的意思，1944年，夏威夷某間酒吧的調酒師畢克達・巴吉龍創造了這份飲料，稱之為Fomula，而當一位來自於夏威夷群島中的Tahiti這個小島的原住民飲用過後，開心且驚嘆地叫著"Mai Tai - Roa Ae"、"Mai Tai - Roa Ae"，這杯飲料從此就被稱為Mai-Tai。

調製方式

搖盪法Shake

成分

白色蘭姆酒White Rum..........30ml
深色蘭姆酒Dark Rum 30ml
白柑橘香甜酒Triple Sec........15ml
杏仁香甜酒Almond Liqueur ..15ml
糖水Sugar Syrup 5ml
檸檬汁Lemon Juice 10ml

裝飾物

柳橙片1/2 Orange slice on the rim
櫻桃Cherry on the rim
吸管Straw

貼心小叮嚀

材料中含有糖漿，因此在搖盪時要混合均勻。

瑪格麗特 Margarita

酒名介紹

瑪格麗特酒西班牙語是代表「延命菊」之意，這款酒是洛杉磯酒保約翰・都雷沙於1949年發明出來的。瑪格麗特是都雷沙年輕時候一位墨西哥女友的名字。有一次和他一起去狩獵場玩時被流彈所傷不幸死亡。二十年後，都雷沙用墨西哥的龍舌蘭酒發明了一種美味的雞尾酒，懷念昔日的女友，於是取名瑪格麗特。充滿野性風味的龍舌蘭酒配上檸檬和鹽就成了一杯風格獨特的雞尾酒。好像一位優雅的淑女，難怪是世界最受歡迎的雞尾酒之一。

調製方式

搖盪法Shake／電動攪拌法Blend

成分

龍舌蘭Tequila 45ml
白柑橘香甜酒Triple Sec..............15ml
萊姆汁Lime Juice........................30ml

裝飾物

檸檬片Lemon slice on the rim
鹽口杯Salt Rimmed

貼心小叮嚀

成品杯要進行冰杯後再使用
檸檬片製作鹽口杯裝飾。

馬丁尼 Dry Martini

酒名介紹

馬丁尼酒是1910年由一位紐約尼可波可飯店的酒保馬丁尼發明的。但是杜松子酒和苦艾酒的比例卻多有爭議，有人主張苦艾酒只要刷過杯子即可，但現在一般酒店調製馬丁尼，杜松子酒和苦艾酒的比例落差很大。傳統的馬丁尼以琴酒為基酒並使用攪拌法的方式調製；近年由於「007」電影中的詹姆斯・龐德於電影中特別喜愛Shake Vodka Martini，而掀起一股狂熱。

調製方式

攪拌法Stir／搖盪法Shake

成分

琴酒Gin 45ml

不甜苦艾酒Dry Vermouth 5drops

裝飾物

小橄欖Olive in the drink

貼心小叮嚀

琴酒和苦艾酒的比例會依國別而調整，通常東方國家的苦艾酒比例會較低。

含羞草 Mimosa

酒名介紹

很早在法國就已經流傳以香檳加入果汁的雞尾酒飲用方式。由於顏色像極了初夏盛開的含羞草故而得名。

調製方式

直接注入法Build

成分

香檳（發泡葡萄酒）
Champange....................45ml

柳橙汁Orange Juice 60ml

裝飾物

紅櫻桃Cherry in the rim

貼心小叮嚀

端送給客人前一定要使用吧叉匙攪拌後再送出。

曼哈頓 Manhattan

酒名介紹

曼哈頓是紐約市中心的一個地名，曼哈頓酒則是一種具有大都市繁華憂鬱美感的雞尾酒。據說，這道酒是由英國首相邱吉爾的母親發明的。1876年，當時身為銀行家之女的邱吉爾媽媽，在曼哈頓俱樂部舉辦了一個募款餐會，為美國第19任總統選舉募集競選經費，她為這個餐會發明了這道調酒，後來就以曼哈頓命名。一般都是採用口味較淡的威士忌，也有人用美國的波本威士忌來調製。如果換成蘇格蘭威士忌就變成英國的羅伯洛伊；將櫻桃改為荷蘭芹就變成中央公園了。

調製方式

攪拌法Stir

成分

裸麥威士忌Rye Whiskey.............. 30ml
甜苦艾酒Sweet Vermouth............ 20ml
安格式苦精Angostura Bitters......... 少許

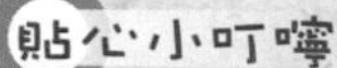

貼心小叮嚀

成品杯要先進行冰杯，如將甜苦艾酒換為不甜苦艾酒，即為不甜曼哈頓Dry Manhattan。

內格羅尼 Negroni

酒名介紹

相傳內格羅尼伯爵常在義大利的佛羅倫斯的一間卡索尼餐廳將這款雞尾酒當作餐前酒飲用。直到1962年調酒師費斯科・斯卡爾賽才將配方公告。

調製方式

直接注入法Build

成分

琴酒Gin.................................. 30ml
金巴利Campari 30ml
甜苦艾酒Sweet Vermouth....... 30ml

裝飾物

柳橙片Orange slice on the rim

貼心小叮嚀

端送成品給客人前，要先使用吧叉匙攪拌。

古典酒 Old Fashioned

酒名介紹

這是19世紀美國肯塔基州路易斯維爾市的密迪尼斯俱樂部酒吧的調酒師所調製創造的。先將方糖溶化於少許的蘇打水和苦精，再加入威士忌的特殊調製法。

調製方式

直接注入法Build

成分

威士忌（波本、裸麥、蘇格蘭皆可）

Whiskey 45ml

蘇打水Soda 20ml

安格式苦精Angostura Bitters .... 少許

方糖Sugar Cube 1茶匙

裝飾物

柳橙片1/2 Orange slice on the rim

檸檬皮Twist of Lemon peel in the drink

貼心小叮嚀

此杯的製作過程相當不同，杯中放入方糖後加入少許蘇打水與苦精將方糖溶化後，再加入威士忌。

老朋友 Old Pal

酒名介紹

Old Pal是指老朋友的意思，在美國實施禁酒法令的年代就已經流行的一種老式雞尾酒。

調製方式

攪拌法Stir

成分

威士忌Whisky 30ml
不甜苦艾酒Dry Vermouth......... 30ml
金巴利Campari 30ml

裝飾物

檸檬皮Twist of Lemon peel in the drink

貼心小叮嚀

成品杯要先進行冰杯。

橘花 Orange Blossom

酒名介紹

在禁酒令時代由畢里・馬羅依調製的雞尾酒，可以順利逃避聯邦調查局的稽查。Orange Blossom象徵純潔，因此在歐美的婚宴上都是必定提供的酒款。

調製方式

搖盪法Shake

成分

琴酒Gin..................................30ml
柳橙汁 Orange Juice 30ml
甜苦艾酒Sweet Vermouth......15ml

裝飾物

糖口杯Dip rim in Sugar

貼心小叮嚀

成品杯要進行冰杯後再使用柳橙片來製作糖口杯裝飾。

鳳梨可樂達 Pina Colada

酒名介紹

據傳說是1963年在波多黎各勝胡安市的巴拉吉納酒吧內資深調酒師拉蒙・波爾達斯・明加索調製出來的，相當具有熱帶島嶼的風情。

調製方式

電動攪拌法Blend

成分

白色蘭姆酒White Rum....30ml
鳳梨汁Pineapple Juice ...90ml
椰奶Coconut Cream 30ml

裝飾物

柳橙角Orange Wedge on the rim
櫻桃Cherry on the rim

貼心小叮嚀

本款雞尾酒製作完畢後，一定要做好完整的果汁機清洗動作，以免椰奶殘留造成發霉或發臭情形。

普施咖啡 Pousse Cafe

酒名介紹

Pousse-café是法語，其中Pousse是頂上去的意思，兩字合起來就是指堆疊上去的意思。利用酒的比重分層堆疊起來，又有稱為七彩酒。

調製方式

直接注入法—漂浮法Floating

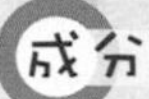

成分

紅石榴糖漿Grenadine Syrup ....1/5（以杯子為單位）
深可可香甜酒Brown Crème de Cacao...............1/5（以杯子為單位）
綠薄荷香甜酒Green Crème de Menthe ....1/5（以杯子為單位）
白柑橘香甜酒Triple Sec........ 1/5（以杯子為單位）
白蘭地Brandy .... 1/5（以杯子為單位）

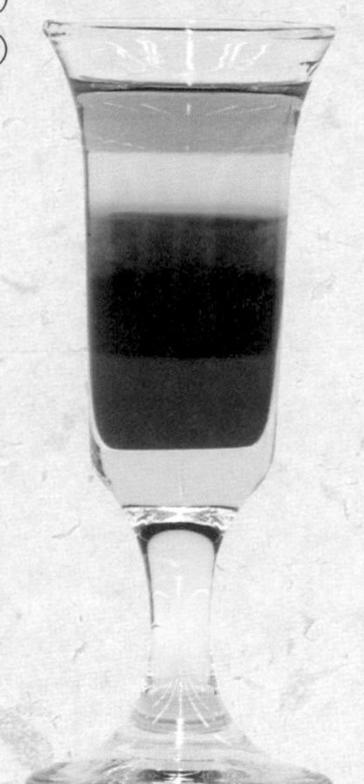

裝飾物

無

貼心小叮嚀

倒入Brown Crème de Cacao與Green Crème de Menthe、Triple Sec時一定要使用吧叉匙減緩流速，並且要將吧叉匙與量酒器洗淨後再繼續使用，以免造成混濁。

紅粉佳人 Pink Lady

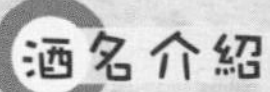

酒名介紹

1912年在倫敦誕生的雞尾酒。因為當年上演了一齣戲劇*Pink Lady*，轟動一時，演出最後一天的慶功宴上，女主角手上的一杯粉紅色雞尾酒引起注目，因而將此雞尾酒取名為Pink Lady。

調製方式

搖盪法Shake

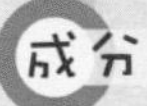

成分

琴酒Gin....................................30ml
紅石榴糖漿Grenadine Syrup 10ml
檸檬汁Lemon Juice 15ml
蛋白Egg White..........................15ml

裝飾物

檸檬皮Twist of Lemon peel in the drink

貼心小叮嚀

材料中含有蛋白，因此要混合均勻，倒出時可以稍微甩一下雪克杯，讓下壺內蛋白泡沫倒出，使成品表層有一層薄膜。

羅伯洛伊 Rob Roy

酒名介紹

從前蘇格蘭有一位很有名的義賊，名叫羅伯・洛伊，他劫富濟貧的義行很受民眾喜愛，因此大家暱稱他為「紅髮羅伯」。用羅伯洛伊的名字作為雞尾酒名始於本世紀倫敦薩寶大飯店的哈里・克拉多庫的酒保，他是為了該飯店每年例行的聖安東魯斯祭才發明出這種酒。因為使用蘇格蘭義賊的名字當酒名，因而使用蘇格蘭威士忌，且一定帶有煙燻的味道。苦艾酒的味道又是甜甜的，混合出的雞尾酒別有一番風味。

調製方式

攪拌法Stir

成分

蘇格蘭威士忌Scotch Whisky 45ml
甜味苦艾酒Sweet Vermouth 15ml
安格式苦精Angostura Bitters .... 少許

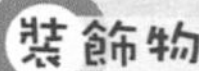

裝飾物

紅櫻桃Cherry in the rim

貼心小叮嚀

紅櫻桃可直接放入杯中，也可掛於杯緣。

鏽蝕的鐵釘 Rusty Nail

酒名介紹

Rusty Nail的俗語是陳年老酒的意思，喝這種雞尾酒會使人從顏色上聯想到鏽蝕的鐵釘故而得名。

調製方式

直接注入法Build

成分

蘇格蘭威士忌Scotch Whisky 30ml
蜂蜜香甜酒Drambuie 15ml

裝飾物

檸檬皮Twist of Lemon peel in the drink

貼心小叮嚀

成品杯要先進行冰杯。

鹹狗 Salty Dog

酒名介紹

這種雞尾酒誕生於英國，在琴酒內加入葡萄柚汁後，再加入少量的鹽。後來以搖盪的調製方式傳入美國後，逐漸改變為將食鹽沾附在杯口飲用。

調製方式

直接注入法Build

成分

伏特加Vodka..........................45ml

葡萄柚汁Grapefruit Juice.....120ml

裝飾物

鹽口杯Salt on the rim

貼心小叮嚀

成品杯要進行冰杯後再使用，
檸檬片可作為鹽口杯裝飾。

螺絲起子 Screwdriver

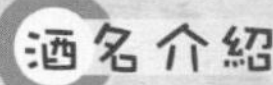

酒名介紹

在伊朗油田工作的美國工程師，用螺絲起子將伏特加與柳橙汁混合均勻因而得名。

調製方式

直接注入法 Build

成分

伏特加Vodka...................45ml
柳橙汁Orange Juice 120ml

裝飾物

柳橙片 Orange slice on the rim

貼心小叮嚀

端送給客人前一定要使用
吧叉匙攪拌後再送出。

刺釘 Stinger

酒名介紹

白蘭地的香醇風味加上薄荷香甜酒獨特的口感，調和出極有特色的雞尾酒。尤其適合在吃完了一大堆油膩食物後來上一杯，有去油解膩的功用，據說是本世紀紐約的一家名為可洛尼的餐廳發明的。這種酒大概喝3～4杯就會有醉意，且味道很重。刺釘的意思是帶刺的東西，主要是因為薄荷香甜酒的刺鼻味道，因而命名。只要將白薄荷香甜酒換成綠薄荷香甜酒就成了綠寶石雞尾酒（Emerald）。

調製方式

攪拌法Stir／搖盪法Shake

成分

白蘭地Brandy 45ml

白薄荷香甜酒White Crème de Menthe.... 15ml

裝飾物

無

貼心小叮嚀

成品杯要先進行冰杯。

側車 Side Car

酒名介紹

在第一次世界大戰中，法國在德軍的猛烈攻擊下終於決定乘側車退却，在退却的途中，由於白蘭地所剩無幾，只好用現成的龍舌蘭酒及檸檬汁摻在酒中來增加分量，豈知這種飲料竟博得不錯的風評，於是戰後便冠以側車之名而加以推廣。

調製方式

搖盪法Shake

成分

白蘭地Brandy 30ml
白柑橘香甜酒Triple Sec.......... 15ml
檸檬汁Lemon Juice 30ml

裝飾物

櫻桃Cherry on the rim
檸檬片Lemon slice on the rim

貼心小叮嚀

側車又稱白蘭地酸酒（Brandy Sour）。

新加坡司令 Singapore Sling

酒名介紹

據說是在1915年時，一位常在萊佛士酒店投宿的英國房客向當時擔任酒保的Ngiam Tong Boon反應已經喝膩了琴湯尼，希望可以換個口味，於是調酒經驗豐富的Ngiam Tong Boon便創作了一款Sling雞尾酒，沒想到這道口味新鮮的雞尾酒不但讓這位住客非常滿意，更讓其他酒客為之驚豔！

調製方式

搖盪法Shake

成分

琴酒Gin.....................................30ml
白柑橘香甜酒Triple Sec...............5ml
櫻桃白蘭地Cherry Brandy 15ml
紅石榴糖漿Grenadine Syrup 15ml
鳳梨汁Pineapple Juice 45ml
檸檬汁Lemon Juice 30ml
蘇打水Soda Water.....................60ml
安格式苦精Angostura Bitters......少許

裝飾物

櫻桃Cherry on the rim
檸檬片Lemon slice on the rim
吸管Straw

貼心小叮嚀

搖盪時不可加入蘇打水。利用冰塊來緩衝蘇打水倒入的沖力，可造成分層效果。

特吉拉日出 Tequila Sunrise

酒名介紹

誕生於墨西哥的雞尾酒，因為英國搖滾樂組的羅林格斯在1972年前往美國旅行演出時，公開自己喜愛的雞尾酒因而掀起一股風潮。

調製方式

搖盪法Shake

成分

龍舌蘭酒Tequila............................45ml
柳橙汁Orange Juice 90ml
紅石榴糖漿Grenadine Syrup 15ml

裝飾物

櫻桃Cherry on the rim
柳橙片Orange slice on the rim

貼心小叮嚀

紅石榴糖漿最後由杯緣緩慢倒入，
端送給客人前不可攪拌。

湯姆・可林 Tom Collins

酒名介紹

19世紀在倫敦擔任服務領班的約翰・柯林斯調製的飲品。使用英國的老湯姆琴酒調製，再加上自己的名字組合而成的雞尾酒名。

調製方式

直接注入法Build

成分

琴酒Gin..........................45ml
檸檬汁Lemon Juice 30ml
糖水Sugar Syrup 10ml
蘇打水Soda Water..........90ml

裝飾物

櫻桃Cherry on the rim
檸檬片Lemon slice on the rim

調製步驟

蘇打水倒入時要緩慢加入，避免產生過多氣泡。

參考書目

Costas Katsigris、Chris Thomas著，鄭建瑋審譯（2007）。《飲料與酒吧管理》。桂魯有限公司。

James Norwood Pratt、Diana Rosen著，陳碧芬譯（1999）。*Tea Lover*。探索文化事業有限公司。

吉定安（2000）。《空間文化形式不可承受之輕——台北市天母地區天主教徒酒吧之建築設計》。中原大學建築研究所碩士論文。

朱州哲（2010）。《飲品調製美學暨乙、丙級檢定學術科參考規範》。陶朱行。

吳克祥、范健強等（2000）。《Bar酒水操作實務》。百通圖書股份有限公司。

吳秉忠（1998）。《台中市Pub進口啤酒消費行為之研究》。東海大學食品科學研究所碩士論文。

吳美燕、林佩怡（2010）。《餐旅服務I》（*Hotel and Restaurant Service I*）。廣懋圖書股份有限公司。

吳美燕、林佩怡（2011）。《餐旅服務II》（*Hotel and Restaurant Service II*）。廣懋圖書股份有限公司。

李證已（2009）。《酒吧的商店氣氛與情緒體驗之研究——以台南市沙發酒吧為例》。南台科技大學休閒事業管理系碩士班碩士論文。

周文偉（1994）。《調酒師的聖經》（Chinese Bartender's Bible）。睿煜出版社。

周海娟（2000）。《台灣地區居民休閒活動的選擇與類型——社會學的次級分析》。東吳大學社會學研究所碩士論文。

洪志華（1996）。《實用調酒學（二）》。韜略出版有限公司。

張君暉、陳金安、陳順治、劉鉅堂、劉顯基、謝耀功、鍾茂楨（1995）。《品酒、調酒、話酒》。宏觀文化事業股份有限公司。

張凱琪（2010）。《高職飲料與調酒總複習》。龍騰文化事業股份有限公司。

張超廣（2010）。《酒水與酒吧管理》。鄭州大學出版社。

曹輝雄（2008）。《雞尾酒杯飾與果雕入門》。三藝文化事業有限公司。

陳心怡（2006）。《丙級調酒技能檢定速成手冊》。新文京開發出版股份有限公司。

陳文聰（2006）。《飲料與調酒理論與實務》。華杏出版股份有限公司。

陳忠良（2001）。《吧檯實務教戰守則》。唐代文化事業有限公司。

陳東達（1983）。《茶香茶話》。武陵出版社。

陳建勳（2004）。《酒吧類型、區位選擇與消費者關係之研究——以新竹市區酒吧為例》。中華大學建築與都市計畫學系研究所碩士論文。

陳堯帝（2008）。《飲料管理：調酒實務》。揚智文化事業股份有限公司。

費多・迪夫思吉（Fedor Devsky）（2006）。《酒吧聖經》（*The Barman's Bible*）。上海科學普及出版社。

福西英三、花崎一夫、山崎正信（1999）。《酒吧經營及調酒師手冊》。萬里機構飲食天地出版社。

蕭伊容（1995）。《台北新興PUB的休閒研究》。台灣大學社會研究所碩士論文。

賴韻代（2006）。《酒吧消費者動機與休閒體驗之研究——以台中市Lounge Bar為例》。大葉大學休閒事業管 學系碩士班碩士論文。

謝美美（2002）。《調酒丙級檢定術科完全寶典》。文野出版社。

鍾耀祥（2005）。《成功經營餐飲業》。漢湘文化事業股份有限公司。

蘇芳基（2009）。《餐旅採購與成本控制》。揚智文化事業股份有限公司。

餐飲旅館系列

酒吧管理與實務技能

作　　者／高埼
出 版 者／揚智文化事業股份有限公司
發 行 人／葉忠賢
總 編 輯／閻富萍
特約執編／鄭美珠
地　　址／22204 新北市深坑區北深路三段 258 號 8 樓
電　　話／(02)8662-6826
傳　　真／(02)2664-7633
網　　址／http://www.ycrc.com.tw
E-mail／service@ycrc.com.tw
ISBN／978-986-298-137-5
初版一刷／2014 年 4 月
初版五刷／2022 年 2 月
定　　價／新台幣 450 元

國家圖書館出版品預行編目（CIP）資料

酒吧管理與實務技能 / 高琦著. -- 初版. --
新北市：揚智文化, 2014.04
面； 公分. -- (餐飲旅館系列)

ISBN 978-986-298-137-5 (平裝)

1.餐飲管理 2.酒吧 3.飲料 4.調酒

483.8 103004613

Notes
BACARDI
LIMON

Notes